Shahide Dehghan
Hoosein Norouzi
Hossein Gholami

Cargas na estrutura da ponte

Shahide Dehghan
Hoosein Norouzi
Hossein Gholami

Cargas na estrutura da ponte

ScienciaScripts

Cover image: www.ingimage.com

This book is a translation from the original published under ISBN 978-620-7-84472-2.

Publisher:
Sciencia Scripts
is a trademark of
Dodo Books Indian Ocean Ltd. and OmniScriptum S.R.L publishing group

120 High Road, East Finchley, London, N2 9ED, United Kingdom
Str. Armeneasca 28/1, office 1, Chisinau MD-2012, Republic of Moldova, Europe
Printed at: see last page
ISBN: 978-620-7-93124-8

CARGAS NA ESTRUTURA DA PONTE

SHAHIDE DEHGHAN[1] , HOOSEIN NOROUZI[2] , HOSSEIN GHOLAMI [31]
DEPARTMENT OF GEOGRAPHY, NAJAFABAD BRANCH, ISLAMIC AZAD UNIVERSITY, NAJAFABAD, IRAN
[2] DEPARTAMENTO DE ENGENHARIA CIVIL, SECÇÃO DE ISFAHAN (KHORASGAN), UNIVERSIDADE ISLÂMICA AZAD, ISFAHAN, IRÃO

[3]DEPARTAMENTO DE ENGENHARIA CIVIL, SECÇÃO DE ISFAHAN (KHORASGAN), UNIVERSIDADE ISLÂMICA AZAD, ISFAHAN, IRÃO
2025

ÍNDICE DE CONTEÚDOS

PREFÁCIO.. 3

INTRODUÇÃO.. 4

CORPO DO TEXTO 5

REFERÊNCIAS 41

PREFÁCIO

Conservação da energia e do momento: Para o engenheiro estrutural, é importante ter em mente os princípios de conservação da energia e do momento. Isto ajuda frequentemente a prever o comportamento de um edifício sob cargas de vento e sismo: Neste contexto, a avaliação das características de um pêndulo estrutural é um conceito estrutural muito importante. Isto ajuda a conceber sistemas de estabilização que trazem a estrutura de volta ao equilíbrio, dando-lhe ao mesmo tempo elasticidade suficiente para aceitar e suportar cargas externas. Por exemplo, os arranha-céus ou as pontes podem começar a balançar para a frente e para trás depois de serem atingidos por um vento forte. Vibração livre: A vibração livre ocorre quando um edifício está fora do seu equilíbrio estável. Isto pode dever-se a um terramoto ou a um acontecimento natural semelhante. Como resultado, o edifício vibra ou balança sem qualquer interferência externa adicional. Expressa em ciclos de vibração, em que o número de ciclos representa a frequência natural do edifício, a vibração livre é importante. É possível reduzir e parar completamente a vibração livre através da utilização de elementos de amortecimento. Ressonância: Quando a vibração de um edifício atinge a sua ressonância natural, isto conduz a uma condição muito perigosa de vibração de magnitude máxima. É importante que os engenheiros calculem, determinem e considerem este facto. Como resultado, podem fazer intervenções no projeto e evitar a ressonância numa gama de frequências específica que esteja próxima da frequência natural da estrutura. Ou podem aumentar o amortecimento que permite que o edifício resista a esse cenário. Amortecimento em estruturas e amortecedores de vibrações: Os elementos de amortecimento estrutural ajudam a reduzir o deslocamento causado pela vibração livre. Normalmente, este efeito dura apenas um curto período de tempo (minutos). Depois de determinar a vibração livre, a ressonância, etc., um engenheiro decide qual o rácio de amortecimento necessário para criar uma estrutura segura. Os amortecedores de massa/mola sintonizados (também conhecidos como absorvedores de harmónicas) colocados no topo de estruturas altas são muito importantes. É aqui que a magnitude das vibrações livres é maior e os amortecedores são mais úteis.

INTRODUÇÃO

Cálculo da carga morta da segunda fase da ponte, normalmente as pontes têm dois tipos de carga morta, a carga morta da primeira fase, que inclui o peso dos elementos estruturais, incluindo as fundações intermédias, tabuleiros, capitéis, etc., que o software considera como peso próprio para o cálculo desta carga. Desta forma, utilizando o peso específico introduzido na secção Materiais e especificando a geometria do modelo através da multiplicação do peso específico pelas dimensões das secções, é calculado o peso da carga morta da primeira fase. Uma estrutura é um sistema de elementos interligados utilizados para suportar cargas externas. A análise estrutural prevê a resposta das estruturas às cargas externas desejadas. Na fase inicial do projeto da estrutura, a carga externa potencial da estrutura é estimada e o tamanho dos elementos interligados da estrutura é determinado com base nas cargas estimadas. A análise estrutural estabelece a relação entre a carga externa esperada de um elemento estrutural e as correspondentes tensões internas desenvolvidas e deslocamentos da estrutura que ocorrem dentro do elemento durante o serviço. Esta análise é necessária para garantir que os elementos estruturais cumprem os requisitos de segurança e de utilização dos códigos de construção locais e as especificações da área em que a estrutura está localizada. Existem diferentes tipos de estruturas de engenharia civil, incluindo edifícios, projectos de pontes, torres, arcos e cabos. Os membros ou componentes que compõem uma estrutura podem ter diferentes formas ou formatos, consoante os requisitos funcionais. Os elementos estruturais podem ser classificados como vigas, colunas e estruturas de tração, armações e treliças. Vigas: As vigas são elementos estruturais cujas dimensões longitudinais são significativamente superiores às suas dimensões laterais. A secção transversal da viga pode ser retangular, circular ou triangular, ou pode ser de secções transversais padrão, tais como canais, tês, ângulos e secções em I. As vigas são sempre carregadas na direção longitudinal. Pilares e estruturas de tração: Os pilares são elementos estruturais verticais que estão sujeitos a pressão axial.

CORPO DO TEXTO

São também designadas por bases ou alicerces. As colunas podem ter uma secção transversal circular, quadrada ou retangular e podem também ter uma secção transversal padrão. Nalgumas aplicações de engenharia, em que a resistência de um único elemento pode não ser suficiente para suportar uma determinada carga, são utilizados pilares fabricados. Um pilar é constituído por duas ou mais secções normalizadas. As estruturas de tração são semelhantes aos pilares, exceto que estão sujeitas a tensão axial. Estruturas de armação: Os pórticos são estruturas constituídas por elementos verticais e horizontais. Os elementos verticais são designados por pilares e os horizontais por vigas. Os pórticos são classificados em duas categorias: oscilantes e não oscilantes. Um pórtico oscilante permite o movimento lateral ou lateral, enquanto um pórtico não oscilante não permite o movimento na direção horizontal. O movimento lateral dos pórticos oscilantes é incluído na sua análise. Os pórticos também podem ser classificados como rígidos ou flexíveis. As juntas de um pórtico rígido são fixas, enquanto as juntas de um pórtico flexível são móveis. Treliças: As treliças são estruturas constituídas por elementos rectos ligados a articulações. Na análise de treliças, as cargas são aplicadas nas juntas e assume-se que os membros estão ligados nas juntas através de pinos sem atrito. As pontes são concebidas para controlar a tensão e a pressão de diferentes formas, consoante a aplicação e a localização. As concepções mais comuns para um projeto de ponte são: Pontes suspensas: Cabos suspensos de ganchos verticais suportam o tabuleiro da ponte enquanto os pilares equilibram a pressão. Pontes de treliça: A superestrutura é constituída por cordas ou vigas diagonais que transportam a tensão e a compressão ao longo da estrutura. Pontes em arco: Um arco de aço, pedra ou betão equilibra a pressão e actua como quebra-vento. Pontes em cantilever: As pontes em consola consistem em cordas superiores para transportar a tração e usam cordas inferiores para controlar a pressão: Estas pontes também são conhecidas como pontes de viga, são constituídas por vigas horizontais apoiadas por colunas verticais ou fundações feitas de betão armado ou aço. Os engenheiros gastam muito tempo e recursos na construção de uma ponte que cumpra o seu objetivo e enfrentam os mesmos desafios que a construção de uma ponte subaquática. Embora existam muitos tipos diferentes de pontes, todos eles utilizam princípios de engenharia para atuar como estruturas de pé que as pessoas utilizam todos os dias para transporte e deslocações. As pontes são funcionais no seu objetivo e bonitas no seu design, reflectindo a harmonia que engenheiros e construtores se esforçam por alcançar. Cada projeto de construção de pontes é composto por vários elementos estruturais que mantêm as pontes funcionais e seguras para uma utilização a longo prazo. Embora nem todas as pontes sejam construídas da mesma forma, estes componentes gerais constituem a estrutura básica de uma ponte. Tabuleiro: O tabuleiro é a superfície rodoviária da ponte sobre a qual circulam veículos, peões ou outras formas de tráfego. Refere-se à ponte acima dos pilares ou apoios e inclui o tabuleiro, as vigas, as longarinas, os arcos, as treliças ou outros elementos de suporte de carga que suportam o tabuleiro da ponte. Subestrutura: A subestrutura é constituída pelos componentes que suportam a superestrutura. Inclui fundações, apoios, bases e outros elementos que transferem cargas da superfície para o solo. Fundações: As fundações são estruturas de apoio verticais construídas para suportar e distribuir as cargas do tabuleiro e da superestrutura da ponte. São normalmente construídas em série ao longo do comprimento da ponte para proporcionar um apoio intermédio. Pilares: Os pilares são estruturas de apoio situadas nas extremidades de uma ponte. São concebidos para resistir às forças horizontais e aos momentos aplicados pela superestrutura e transmitir essas forças ao solo. Os pilares têm frequentemente muros de contenção para segurar o solo e proporcionar estabilidade. Apoios: Os apoios são dispositivos colocados entre a superestrutura e a subestrutura para permitir o movimento e a rotação controlados. Acomodam a expansão térmica, a contração e outras forças que podem induzir movimentos na ponte. Vigas: As vigas são vigas horizontais que são colocadas entre pilares ou apoios e suportam o tabuleiro da ponte. São normalmente feitas de aço, betão ou uma combinação de ambos. Arco: Um arco é um elemento estrutural curvo que transporta cargas principalmente por compressão e as transfere para apoios ou bases. Os arcos podem ser feitos de alvenaria, betão ou aço: As treliças são estruturas constituídas por elementos interligados que formam triângulos ou outras formas geométricas. São frequentemente utilizadas para vãos mais longos e podem ser feitas de aço ou madeira. Cabos: As pontes estaiadas utilizam cabos como principais elementos de suporte de carga. Estes cabos são geralmente feitos de aço e podem ser dispostos em várias configurações, tais como pontes suspensas ou estaiadas. Os elementos ou materiais pré-esforçados ajudam a criar estruturas com maior resistência ao cisalhamento, menor tensão diagonal e resistência à deslocação causada por forças externas. As pessoas localizadas nos edifícios actuam como amortecedores naturais e o seu impacto é tido em conta. Em geral, o equilíbrio pode ser classificado em duas categorias: estático e dinâmico: Equilíbrio estático: Quando um objeto não se move em nenhuma direção, enquanto está na sua posição original, dizemos que está em equilíbrio. Os engenheiros calculam a soma das forças de ação e de reação sobre um objeto estrutural para calcular a sua soma total. Se o resultado for igual, significa que a estrutura permanecerá em equilíbrio. Centro de massa/gravidade: Para efeitos de análise estática e estimativa, é importante que os engenheiros consigam determinar o centro de massa/gravidade (ou centroide). Isto pode ser para um único objeto ou elemento estrutural, ou para conjuntos ligados entre si. O centro de massa é o único ponto de um corpo rígido que pode ser utilizado para suspender o corpo. Um ponto que permanecerá em equilíbrio. Se o vetor do centro de gravidade em relação ao centro da terra não passar pela base da estrutura, esta não pode estar em equilíbrio porque as forças desviadoras estão constantemente a atuar sobre ela. Secção e segundo momento de área: O segundo momento de área é uma propriedade geométrica de um plano/área que mostra Como é que os seus pontos se distribuem segundo um eixo arbitrário? É um elemento muito importante em todos os conceitos estruturais. Para os engenheiros de estruturas, esta caraterística geométrica é importante. É utilizada para ajudar a calcular a deflexão de uma viga e, consequentemente, a tensão que lhe é aplicada. Flexão: Quando as vigas estruturais são carregadas, tendem a dobrar-se numa determinada direção. Esta é uma caraterística importante para os engenheiros ajudarem a calcular as tensões e as deflexões das vigas, que são conceitos estruturais muito importantes de compreender. Permite aos engenheiros perceber se a flexão e as deflexões estão dentro dos limites e equilibrar as cargas de forma uniforme ou uniforme para que a flexão seja aceitável. Forças de corte e de torção: São aplicadas forças de corte em dois pontos diferentes de um material e os seus vectores têm direcções opostas. Isto leva a tensões de cisalhamento e à fratura, corte ou fissuração do material. Por exemplo, se for aplicada uma grande carga ao pavimento de um piso que se encontra afastado dessa carga, o pavimento ficará sujeito a uma tensão de corte. As forças de torção, por outro lado, são aquelas que tendem a torcer um elemento estrutural. Estas são normalmente o resultado de uma análise de carga estática incorrecta e de previsões erradas. Distribuição de tensões: A distribuição de tensões é uma parte fundamental da análise de tensão-deformação de um determinado sistema. O cálculo das tensões internas nos elementos ligados de um determinado sistema com base nas forças externas aplicadas. O objetivo é criar definições que ajudem a aumentar o nível de simetria e homogeneidade desta distribuição de carga.

Quer se trate de um conjunto de elementos, ou mesmo da distribuição das cargas de um edifício de vários andares no solo. O deslocamento pode ser medido em distância absoluta ou mesmo em ângulo e é normalmente utilizado para vigas. As vigas são apoiadas por pontos. O desvio é proporcional à distância entre esses pontos, que se designa por vão. Isto determina o espaçamento que é crítico quando se modifica o projeto. Rigidez: A rigidez de uma estrutura é uma medida física de quão bem ela pode resistir a forças deformantes. Não deve ser confundida com elasticidade. A rigidez é uma caraterística que mostra quão bem ou eficazmente as forças internas são transferidas entre os diferentes elementos estruturais de um edifício. Desde as forças de tração e de corte até às cargas de compressão e de torção, todas as forças internas são consideradas. Pretende-se que estas sejam distribuídas por diferentes elementos e, em última análise, suportadas pelo maior número possível de elementos. Isto significa que nenhuma viga individual tem de resistir às forças. Os engenheiros utilizam normalmente elementos de contraventamento para criar caminhos de transmissão de forças e aumentar a rigidez dos edifícios. Encurvadura de pilares: A encurvadura de pilares é a falha estrutural de um pilar - um conceito estrutural muito importante. Isto acontece quando o pilar é sujeito a uma grande quantidade de tensão de compressão axial. Isto leva à sua deformação e desvio lateral. Isto faz com que os pilares não consigam suportar a carga, pelo que normalmente falham completamente. O problema da encurvadura é que pode ocorrer com cargas que se encontram no intervalo de força de compressão calculado. Infelizmente, a flexão inesperada do pilar altera completamente este limite. Elementos ou materiais pré-esforçados: A maioria dos engenheiros utiliza elementos pré-esforçados ou mesmo materiais como o betão pré-esforçado. Estes criam estruturas que podem suportar melhor a deslocação de forças externas. Consequentemente, podem resistir a fissuras causadas por choques ou impactos e apresentar uma maior longevidade. Proporcionam uma resistência muito maior à compressão e à tração, bem como uma resistência muito melhor às vibrações, resultando numa estrutura mais segura. Os elementos pré-esforçados são geralmente: Cargas verticais e movimentos horizontais: As cargas verticais que conduzem a movimentos horizontais são muito importantes e devem ser consideradas em termos da sua simetria e magnitude. No passado, muitos engenheiros subestimaram a importância das cargas verticais nas estruturas tradicionais. Em alguns casos, isto pode levar ao colapso dos bordos exteriores e à rotura completa dos apoios. A distribuição de cargas e a geometria estrutural são elementos chave na análise de cargas verticais e os conceitos estruturais são muito importantes. Conservação da energia e do momento: Para o engenheiro de estruturas, é importante ter em mente os princípios de conservação da energia e do momento. Isto ajuda frequentemente a prever o comportamento de um edifício sob cargas de vento e sismo: Neste contexto, a avaliação das características de um pêndulo estrutural é um conceito estrutural muito importante. Isto ajuda a conceber sistemas de estabilização que trazem a estrutura de volta ao equilíbrio, dando-lhe ao mesmo tempo elasticidade suficiente para aceitar e suportar cargas externas. Por exemplo, os arranha-céus ou as pontes podem começar a balançar para a frente e para trás depois de serem atingidos por um vento forte. Vibração livre: A vibração livre ocorre quando um edifício está fora do seu equilíbrio estável. Isto pode dever-se a um terramoto ou a um acontecimento natural semelhante. Como resultado, o edifício vibra ou balança sem qualquer interferência externa adicional. Expressa em ciclos de vibração, em que o número de ciclos representa a frequência natural do edifício, a vibração livre é importante. É possível reduzir e parar completamente a vibração livre através da utilização de elementos de amortecimento. Ressonância: Quando a vibração de um edifício atinge a sua ressonância natural, isto conduz a uma condição muito perigosa de vibração de magnitude máxima. É importante que os engenheiros calculem, determinem e considerem este facto. Como resultado, podem fazer intervenções no projeto e evitar a ressonância numa gama de frequências específica que esteja próxima da frequência natural da estrutura. Ou podem aumentar o amortecimento que permite que o edifício resista a esse cenário. Amortecimento em estruturas e amortecedores de vibrações: Os elementos de amortecimento estrutural ajudam a reduzir o deslocamento causado pela vibração livre. Normalmente, este efeito dura apenas um curto período de tempo (minutos). Depois de determinar a vibração livre, a ressonância, etc., um engenheiro decide qual o rácio de amortecimento necessário para criar uma estrutura segura. Os amortecedores de massa/mola sintonizados (também conhecidos como absorvedores de harmónicas) colocados no topo de estruturas altas são muito importantes. É aqui que a magnitude das vibrações livres é maior e os amortecedores são mais úteis. Um dos passos mais importantes no processo de projeto é a compreensão do problema. Caso contrário, o trabalho árduo de projeto pode ser desperdiçado. Por exemplo, na conceção de um projeto de ponte utilizando a formação em AutoCAD, se a equipa de engenharia não compreender o objetivo da ponte, o seu projeto pode ser completamente irrelevante para a resolução do problema. Se lhes for pedido que projectem uma ponte para atravessar um rio, sem saberem mais, podem projetar uma ponte para um comboio. Mas, se a ponte se destinasse apenas a peões e ciclistas, seria provavelmente excessivamente concebida e desnecessariamente cara (ou vice-versa). Por conseguinte, para que um projeto seja adequado, eficiente e económico, a equipa de projeto deve, antes de qualquer ação, compreender plenamente o problema. A determinação das cargas ou forças potenciais que se espera que sejam aplicadas a uma ponte depende da localização e da finalidade do projeto da ponte. Os engenheiros consideram três tipos principais de cargas: cargas mortas, cargas vivas e cargas periféricas: as cargas mortas incluem o peso da própria ponte e de quaisquer outros objectos permanentes ligados à ponte, tais como cabinas de portagem, sinais de trânsito, guarda-corpos. As cargas mortas incluem o peso da própria ponte e de quaisquer outros objectos permanentes nela fixados, tais como cabinas de portagem, sinalização rodoviária, guarda-corpos, portões ou pavimento de betão. As cargas vivas são cargas temporárias que actuam sobre a ponte, tais como automóveis, camiões, comboios ou peões. As cargas ambientais são cargas temporárias que actuam sobre a ponte devido a condições meteorológicas ou outros efeitos ambientais, como ventos de furacões, tornados ou rajadas fortes. Se não houver drenagem adequada, a recolha de águas pluviais pode também ser um fator. As quantidades destas cargas dependem da utilização e da localização da ponte. Exemplos: Os pilares e as vigas de uma ponte de vários níveis concebida para comboios, veículos e peões devem poder suportar a carga combinada das três pontes em simultâneo. A carga de neve prevista para a ponte no Colorado será muito superior à carga de neve na Geórgia. Uma ponte na Carolina do Sul deve ser projectada para suportar cargas sísmicas e cargas de vento de furacão, enquanto a mesma ponte no Nebraska deve ser projectada para cargas de vento de furacão. Durante a conceção de um projeto de ponte, a combinação de cargas para uma determinada ponte é um passo. É importante. Os engenheiros utilizam vários métodos para o fazer. Dois métodos populares são os métodos UBC e ASCE. O Código de Construção Uniforme (UBC), uma norma de construção adoptada por muitos estados, define cinco combinações de carga diferentes. Com este método, a combinação de cargas que produz o efeito mais elevado ou mais crítico é utilizada para planear o projeto. Depois de um engenheiro determinar a combinação de carga mais elevada ou mais crítica, ele determina o tamanho dos elementos. Um elemento de ponte é qualquer parte principal individual de uma estrutura de ponte, como pilares (pilares) ou vigas (vigas). As dimensões dos pilares e das vigas são calculadas de forma independente. Para resolver o tamanho de um pilar, os engenheiros efectuam cálculos utilizando as resistências dos materiais que foram determinadas através de ensaios. Para calcular a carga aplicada a um pilar, calcula-se a combinação de cargas mais crítica na secção transversal do pilar. Para resolver o tamanho de uma viga, os engenheiros efectuam mais cálculos. A carga crítica é a combinação de cargas que é aplicada no meio do vão superior da viga. Normalmente, as forças de compressão são aplicadas na parte superior da viga e as forças de tração são aplicadas na parte inferior da viga devido a esta carga específica. Cada forma de viga tem os seus próprios cálculos de secção transversal. Na realidade, a maioria das vigas tem uma secção transversal retangular em edifícios de betão armado, mas a melhor conceção é uma secção transversal em forma de I para uma direção de flexão (para cima e para baixo). Para duas direcções de movimento, uma viga retangular oca funciona bem. No projeto da estrutura da ponte, de acordo com o seu tipo e localização, devem ser consideradas todas as forças susceptíveis de serem aplicadas à estrutura da ponte. A carga morta de uma ponte inclui o peso da estrutura, para além do peso de qualquer dispositivo a ela ligado, e algumas das pontes são utilizadas para transferir água, transferindo serviços necessários ao público, que podem ter um peso considerável. No projeto inicial, é necessário estimar a carga morta. O peso real da estrutura após o projeto pode ser calculado e comparado com o peso estimado. Normalmente, estes dois pesos não estão de acordo um com o outro, caso em que o período de projeto será repetido com base na nova carga morta. Se a dimensão das barras se alterar no final do segundo período, a carga morta deve ser calculada. Esta repetição de cálculos deve ser continuada até que a carga morta significada nos cálculos seja praticamente igual ao peso da estrutura e dos seus acessórios. Naturalmente, um engenheiro experiente pode pedir a quantidade real de carga morta durante dois períodos de projeto. A propósito, se for utilizado um programa de computador para este fim, então, num curto espaço de tempo, repetindo várias fases do projeto, pode ser alcançada a solução final. Atingir um valor final da carga morta de uma parte da estrutura antes da parte de suporte desse projeto É possível projetar e, por exemplo, o sistema de cobertura pode ser projetado antes do projeto das vigas ou treliças de suporte principais, e o peso final de toda a estrutura superior pode ser determinado antes de iniciar o projeto da parte inferior. Por conseguinte, não é difícil determinar a carga morta preliminar de uma parte da estrutura. Em geral, o estudo de pontes semelhantes é considerado o método mais simples e mais fiável para estimar a carga morta preliminar. Se o betão utilizado for resistente à erosão, os veículos podem circular diretamente sobre a laje Penny. Nas zonas onde são utilizados pneus quebra-gelo com correntes nas rodas, deve ser considerada uma cobertura separada para a ponte. Se o peso das coberturas que serão colocadas na ponte no futuro (provavelmente) for considerado na revisão inicial da ponte, não haverá necessidade de rever os cálculos quando a cobertura for adicionada. O projeto de pontes rodoviárias deve ser feito de modo a que a ponte seja segura e protegida para todos os veículos que provavelmente passarão sobre ela e porque o projetista não sabe exatamente. Não se sabe exatamente que máquinas passarão sobre a estrutura no futuro e também não se conhece a vida útil e, por isso, para garantir a resistência da estrutura, considera-se um pouco mais. É de notar que, em alguns casos, é necessário estabelecer directrizes. Para evitar a passagem de veículos muito pesados nalgumas pontes. Devido às muitas alterações no peso e na distância dos eixos dos veículos, os regulamentos monetários sugerem uma série de cargas padrão, como se segue, para a conceção das pontes. - Carga de camião com camiões normalizados com peso e dimensões conhecidos. - Carga plana larga com uma ou duas cargas concentradas, o que na prática indica uma situação em que todo o vão da ponte está cheio de veículos normais devido ao tráfego, podendo haver um ou dois eixos mais pesados entre eles. - A carga de um tanque militar normal, que é considerada para a possibilidade de um tanque militar passar sobre a ponte. Em movimento, cria mais tensões do que o veículo parado. Este aumento é designado por efeito dinâmico. Naturalmente, este fenómeno é designado por "impacto" pelos projectistas de pontes. Esta interpretação pode não ser correcta de um ponto de vista científico, porque tem o conceito de colisão entre dois objectos, que é causada pela queda das rodas do veículo nos lugares baixos e altos do dinheiro. Mas o significado de impacto aqui, para além do caso mencionado, também se refere aos efeitos causados pela aplicação de carga viva num curto período de tempo. Efectuando cálculos simples e utilizando teorias dinâmicas, pode demonstrar-se que a carga que é aplicada a uma viga num curto espaço de tempo entra, cria tensões duas vezes superiores à carga estática com o mesmo valor. Naturalmente, a carga viva nas pontes nunca é aplicada instantaneamente, mas é aplicada num período de tempo limitado. Deve notar-se que o efeito dinâmico causado por cargas súbitas não é o mesmo para todos os elementos estruturais da ponte. Para além dos efeitos do impacto real e das cargas súbitas, existe ainda um terceiro efeito, que é causado pela vibração do veículo nas suas molas, que é maior em estradas irregulares. Verifica-se que a vibração do veículo nas suas molas faz com que a estrutura também vibre, e a quantidade de tensão está relacionada com a massa do veículo e da ponte, a frequência natural da estrutura e as características de depreciação da ponte. O estudo direto do efeito dinâmico de um determinado veículo sobre uma determinada ponte é difícil e mesmo impraticável, uma vez que requer medições sobre as propriedades da estrutura. Por este motivo, nos regulamentos de construção de pontes, o método habitual é o de se atribuir um valor aproximado ao efeito dinâmico da carga viva, designado por coeficiente de impacto. Durante a travagem e a aceleração do veículo na ponte, as forças longitudinais são transmitidas ao tabuleiro através das rodas do veículo. são transmitidas, e o seu valor depende da quantidade de aceleração e desaceleração do veículo. A força longitudinal máxima é criada pela travagem brusca do veículo. Neste caso, a quantidade de força depende do peso do veículo, da velocidade do veículo no momento da travagem e do intervalo de tempo que leva a uma paragem completa. Uma vez que o coeficiente de atrito dos pneus numa estrada seca é aproximadamente igual a 0,75, esta força horizontal é aproximadamente transferida para a ponte. Além disso, se vários camiões se deslocarem na mesma direção e travarem ao mesmo tempo, a força acima referida será multiplicada. Esta força em pontes curvas no plano horizontal é causada pelo movimento de um veículo na ponte, que se situa ao longo do raio de curvatura da ponte e é perpendicular à direção do movimento do veículo. O cálculo das forças do vento na estrutura da ponte é muito complicado e esta questão tem sido sempre um problema para os projectistas. As forças do vento são calculadas de forma aproximada para cada estrutura, de acordo com o estabelecido nos regulamentos. O problema do vento é muito complicado para uma estrutura específica porque muitos factores, como a forma e a dimensão da ponte, o ângulo do vento, os efeitos do material das camadas da terra e as alterações da velocidade do vento ao longo do tempo, são muito eficazes no cálculo da força do vento. Deve notar-se que a força do vento é uma força dinâmica porque a velocidade do vento pode atingir o seu valor máximo num curto período de tempo e continuar durante algum tempo ou parar rapidamente (tempestade). Se o tempo para atingir a sua velocidade máxima, o vento for igual e superior ao período natural da estrutura, a força do vento pode ser considerada como uma força estática igual à pressão máxima do vento. Até há pouco tempo, os efeitos provocados pelos sismos eram menos considerados no projeto de pontes e, embora só fossem estudados os seus efeitos nas fundações, até que várias pontes colapsaram devido a sismos. Vários estudos mostraram que a causa destas falhas foi uma das seguintes razões: 1- Vibração da parte superior e como consequência a queda da estrutura. 2- Falha das fundações.

3- Derrubamento de prumos devido a grandes movimentos de terra. 4- Redução da resistência do solo sob as fundações devido às vibrações do solo. A questão importante na conceção de pontes é mantê-las de pé após um sismo, para que os veículos de socorro, como ambulâncias e carros de bombeiros, possam desempenhar as suas funções. Os efeitos de um terramoto numa estrutura dependem do comportamento elástico dessa estrutura e da forma como a força do peso é distribuída. Um estudo detalhado do comportamento da estrutura sob as forças do terramoto requer o estudo do comportamento dinâmico da estrutura, o que é uma tarefa difícil, além disso, para a análise dinâmica da estrutura devido ao efeito dinâmico do terramoto, é necessário conhecer os movimentos do solo por baixo dela. Mas geralmente, para considerar os efeitos da força sísmica, assume-se muito simplesmente que a força sísmica actua sob a forma de forças laterais em diferentes direcções no centro de gravidade da estrutura, e o seu montante é uma percentagem do peso. A estrutura inteira ou uma parte da estrutura está a ser estudada. Em seguida, estas forças laterais são aplicadas à estrutura como cargas estáticas e, finalmente, a análise da estrutura é efectuada estaticamente. Uma das questões importantes que devem ser consideradas no projeto de pontes em relação aos efeitos dos sismos é o efeito da água nas fundações da ponte no solo. Os estudos que têm sido feitos em quaisquer pontes imersas em água mostram que, para estudar as forças sísmicas, deve ser considerada uma massa adicional para além do peso das fundações. A quantidade desta massa adicional depende da relação entre o raio do pilar e a altura da água, e o seu valor é igual à massa de água deslocada pelas fundações. Em geral, em zonas sísmicas activas e especialmente quando as fundações estão submersas em água, deve ser feito um estudo dinâmico detalhado. Nas zonas onde existe um fluxo de água, as fundações devem ser capazes de suportar a pressão da água. Esta pressão pode provocar o deslizamento ou o derrube das bases. Além disso, o fluxo de água pode lavar as fundações em determinadas condições, o que é muito importante e deve ser considerado. Em geral, para o projeto de pontes sob as quais passa o fluxo de água, são muito necessários estudos pormenorizados sobre a velocidade do fluxo de água. Essas informações foram preparadas para grandes rios em países desenvolvidos e, a partir delas, podem ser obtidas as velocidades que diferentes rios podem ter. Se esta informação não estiver disponível por várias razões, deve tentar-se fazer a melhor estimativa relativamente à velocidade do fluxo de água com a ajuda da informação disponível. A expansão e a contração resultantes das alterações de temperatura provocam movimentos ou tensões significativas na estrutura da ponte. Este facto deve ser tido em conta no projeto da ponte. As forças internas resultantes das variações de temperatura são mais importantes, especialmente em estruturas indeterminadas. Em zonas onde o solo sob as fundações não tem a mesma resistência, criar-se-á um assentamento assimétrico com a rotação dos apoios, o que provocará forças internas significativas na estrutura indeterminada. O efeito da pressão lateral do solo e, se necessário, da pressão dos veículos antes de chegarem à ponte ou depois de a atravessarem, como impulso horizontal sobre as fundações laterais da ponte, deve ser tido em conta nos cálculos. Sempre que uma parte da estrutura da ponte esteja a flutuar na água. Por conseguinte, o efeito da força de imersão deve ser considerado no projeto da ponte. Todas as forças temporárias que são introduzidas nos elementos estruturais durante a construção e a execução da ponte devem ser incluídas nos cálculos do projeto da ponte. Que estas forças sejam veículos. A criação de passagens e pontes para atravessar diferentes locais é uma das actividades humanas mais antigas. Estas estruturas são feitas com materiais disponíveis na natureza, tais como madeira, pedra, fibras vegetais e também vários ferros de forma suspensa ou com vigas de suporte. Uma vez que a execução e construção de todos os tipos de pontes é uma das partes mais dispendiosas, o projeto básico e preciso destas estruturas é de grande importância. Fique connosco para saber mais sobre estas estruturas. A ponte, uma estrutura de ligação, cria uma ligação entre diferentes partes de um país, duas margens do oceano ou partes de dois países. Uma ponte é um milagre estrutural que é normalmente utilizado para atravessar qualquer tipo de obstáculo que possa atrasar a vida das pessoas. Desde o início, os engenheiros tentaram vencer a natureza e, como resultado, inventaram a estrutura da ponte, que pode ser utilizada para ultrapassar os obstáculos naturais acima referidos. Existem diferentes tipos de pontes. Os tipos de pontes incluem diferentes partes. As principais partes de uma ponte são as seguintes: tabuleiro-suporte-massa-viga-carril. O tabuleiro é a parte essencial de qualquer ponte para a passagem de veículos, mercadorias, pessoas, etc. de um lado para o outro. O apoio situado nas duas extremidades da ponte é designado por pilar. Para uma ponte com fundação, a estaca é um componente essencial. Uma fundação do tipo estaca é geralmente necessária quando o solo superficial é solto. A profundidade da estaca depende da camada de solo. Para encontrar a camada de solo duro que estabiliza a estrutura, a estaca é geralmente cravada profundamente na camada de solo duro. A sapata é o elemento de compressão que fica no topo da estaca e estabiliza a estrutura. As estacas geralmente têm aberturas nos pontos médios. Os pilares desempenham duas funções principais: transferência de cargas verticais da superestrutura para a fundação. Resistência às forças horizontais que actuam sobre as pontes. Para pontes de base a base, é a distância do vão. A pressão da água é a pressão adicional aplicada lateralmente no pilar. Tal como uma viga, é utilizada uma viga numa ponte. Pode ser uma viga em I ou uma viga em caixão. Este nome é dado devido à sua forma. O tipo I-joist é normalmente utilizado em pontes. A viga em caixão pode ser pré-fabricada ou moldada no local e, geralmente, está em condições de pré-esforço. Normalmente, o tráfego rodoviário é o principal veículo na ponte, mas se um comboio tiver de passar por essa ponte, a via férrea. Trata-se de um componente adicional. As pontes de treliça são um dos tipos de pontes que são feitas de aço de dois elementos apenas com tensão e pressão. Não são permitidas ancoragens de flexão nesta estrutura.

A forma estrutural mais estável para uma treliça triangular. A utilização deste tipo de pontes remonta a vários séculos atrás. Os diferentes tipos deste tipo de ponte são constituídos por secções triangulares. O papel dos componentes triangulares nestas pontes é muito importante porque, ao absorver eficazmente as cargas de tração e compressão, permite o desempenho adequado da estrutura contra cargas dinâmicas. Desta forma, é assegurada a correcta preservação da estrutura da ponte e a não danificação do tabuleiro durante ventos fortes. O projeto deste tipo de pontes é conhecido como um grande desenvolvimento neste domínio. Na construção destas pontes, são utilizadas vigas simples ou treliças. Estes componentes são fabricados com betão pré-esforçado ou aço estrutural. A ponte em arco é essencialmente de compressão. Utiliza um sistema aerodinâmico com resistência à torção. Todas as pontes em arco têm um ou mais arcos sob a estrutura e apoios para suportar estes arcos. A ponte de vários vãos (Dere Gozr), com o seu longo comprimento e muitos arcos, é o tipo mais comum de ponte em arco. Nestas pontes, as pressões laterais causadas pela abertura do arco são transferidas para os apoios. É por esta razão que é muito importante manter a integridade, a elevada resistência e a construção correcta e baseada em princípios desta parte. As pontes em arco têm um desenho simples, mas são altamente eficientes e podem suportar o peso de pessoas e até de veículos pesados. A estrutura das pontes suspensas é simples mas eficiente, tal como as pontes em arco. Os tabuleiros destas pontes são concebidos para suportar as cargas que a ponte recebe. O número de torres utilizadas para manter os cabos suspensos depende da dimensão da ponte. As pontes suspensas podem ter vãos longos, que são necessários em muitas situações. Isto dá ao engenheiro a liberdade de criar um vão longo com a ajuda de um cabo. Os principais componentes do sistema estrutural de uma ponte suspensa são os seguintes As estruturas longitudinais suportam e distribuem as cargas dos veículos em movimento. Estabilidade aerodinâmica segura da estrutura. Os cabos principais estão ligados às vigas através de cordas de suspensão. Estes cabos de suspensão transferem as cargas da viga para os cabos principais. A principal tarefa destes cabos principais é transportar estas cargas para as torres principais. Os cabos principais são suportados por estas estruturas verticais intermédias e transferem toda a carga da ponte para a fundação. Tem muitas semelhanças com a ponte suspensa. Mas existem algumas diferenças entre a ponte suspensa e a ponte estaiada. Neste caso, a ponte transporta principalmente as cargas verticais sobre a viga. O objetivo dos cabos de suspensão é fornecer um apoio intermédio à viga e ajudá-lo a percorrer uma longa distância. A utilização destas pontes é feita em alturas em que o comprimento do trajeto é superior ao comprimento adequado para a conceção de pontes de treliça e inferior ao comprimento adequado para a conceção de pontes suspensas. Uma das desvantagens destas pontes é a possibilidade de aplicar pressão horizontal a partir das ligações intermédias dos cabos no tabuleiro. É por isso que o tabuleiro das pontes estaiadas deve ser reforçado para resistir a estas pressões. Estes tipos de pontes não estão incluídos no grupo principal devido à sua ligeira diferença em relação aos outros. Uma das vantagens destas pontes é a possibilidade de alterar a sua posição e forma. Esta obra foi concebida para a passagem de navios e barcos. Quando não é necessário utilizar um longo percurso e longas fundações, a utilização destas pontes será mais económica em termos de custos. Juntamente com a vantagem especial destas pontes, a paragem do tráfego durante a passagem de navios e barcos é uma das suas desvantagens. Os tipos de pontes suspensas são: báscula (abertura num sentido ou nos dois sentidos) - giratória (rotativa) - elevatória (ascendente) - desmontável (dobrável) - temporária. É o tipo de ponte mais comum. Utiliza-se em todos os locais onde o vão não é demasiado longo. Esta viga é um tipo de caixa diferente da viga normal e pode facilmente suportar mais torções. Este tipo de ponte inclui o tabuleiro superior, a viga vertical e a laje inferior. As caixas das pontes em viga podem ser divididas em três categorias principais: caixa unicelular, caixa multicelular e caixa com pernas que suportam o tabuleiro em consola. As pontes são comparadas com base em vários factores, que discutimos a seguir. Comparámos: Se quisermos comparar as pontes com base no custo da sua construção, devemos dizer que as pontes suspensas custam mais do que outros tipos destas estruturas. Este tipo de ponte é utilizado para percursos muito longos e esta é a razão do elevado custo da sua construção. As dimensões da torre, os materiais utilizados e a instalação da treliça do tabuleiro também fazem com que estes custos aumentem. Comparando a eficiência de todos os tipos de pontes, pode dizer-se que a ponte de treliça tem uma maior resistência, que tem uma relação altura/peso mais favorável. Como foi dito, as pontes de treliça Além da alta relação entre resistência e peso, são conhecidas como as pontes mais estáveis que são feitas de componentes triangulares. Estas estruturas são ligadas com parafusos e porcas, o que faz com que a carga causada pelo movimento dos veículos em condições climatéricas adversas seja distribuída por todos os componentes da ponte. Isto significa que a estabilidade da estrutura é aumentada e a possibilidade da sua flexão é reduzida. O tipo mais simples de pontes em termos de construção são as pontes de vigas. Esta é a razão pela qual estes tipos de pontes são mais utilizados e são mais comuns. Os pilares intermédios das pontes servem de suporte para o vão da ponte. Estes elementos desempenham duas funções principais nas pontes.

Transferir as cargas verticais da superestrutura para a fundação, como elementos resistentes às forças horizontais que entram na ponte. Como já foi referido, no que respeita à segunda função das fundações, embora estes elementos sejam tradicionalmente concebidos para cargas verticais, atualmente é dada especial atenção à conceção de fundações para cargas laterais. É o que se considera. As fundações das pontes são principalmente de betão e as secções de aço são menos utilizadas na sua construção. Estes elementos podem ser divididos em diferentes tipos com base no tipo de ligação ao tabuleiro, na forma geométrica e na configuração. Nesta classificação, as fundações podem ser A forma de ligação do pórtico ao tabuleiro ou sob a forma de uma consola que é transferida da superfície para as bases e finalmente para a fundação através do apoio. Atualmente, um dos tipos de apoios mais utilizados em pontes pode ser designado por apoios elastoméricos reforçados, que consistem numa camada de borracha e aço e têm uma elevada rigidez vertical. No que diz respeito ao dimensionamento destes apoios, consulte o dimensionamento de apoios elastoméricos reforçados com base na última edição das normas AASHTO LRFD. Nesta classificação, de acordo com as condições da ponte, que serão referidas adiante, foi considerada a forma de secções maciças, ocas, poligonais e rectangulares. Nesta classificação, foram utilizadas fundações sob a forma de pórticos multicolunas, fundações marteladas (truncadas) e fundações em parede. Nos sistemas de tabuleiro em aço, o tabuleiro é geralmente colocado em fundações em consola. É colocado enquanto os sistemas de tabuleiros moldados no local, incluindo lajes maciças ou lajes ocas, podem ser implementados com fundações sob a forma de uma estrutura. No que diz respeito às pontes localizadas no rio ou no fluxo de água, é preferível utilizar fundações de parede. O problema deve-se à acumulação de materiais flutuantes na água junto à fundação e à imposição de cargas adicionais à sua volta, pelo que, para reduzir o impacto e reduzir o impacto causado por estas cargas, a utilização de fundações de parede será uma opção mais adequada em comparação com as fundações com armações multi-colunas. Se a altura da superestrutura for elevada e o momento de inércia for elevado, neste caso, a utilização de pórticos multicolunas aumentará demasiado a secção transversal dos pilares. Nesta situação, a utilização de fundações em parede será uma opção de mosteiro. Em contraste com as fundações de pórticos multipilares em áreas Elas são especialmente úteis em intersecções não niveladas. Nas pontes onde são utilizados pilares longos, é preferível utilizar secções ocas para reduzir o peso da estrutura. Isto reduzirá, em última análise, o custo da fundação. A partir da análise dos tipos de fundações de pontes, nesta secção, serão discutidas as considerações regulamentares das fundações de muros. Em geral, os requisitos regulamentares relativos às fundações podem ser diferentes de acordo com cada dimensão, por exemplo, numa fundação constituída por vários pórticos. Um pilar tem uma função de consola na direção longitudinal e uma função de pórtico na dimensão transversal, o que fará com que sejam aplicados coeficientes de comportamento diferentes nas ancoragens de flexão. Se o valor anterior for inferior a 2,5, a base pretendida será do tipo parede, caso contrário terá a função de pilar, pelo que os critérios serão diferentes para cada uma das condições anteriores. De seguida, serão mencionados alguns dos critérios das fundações. Os regulamentos do muro de cais) Semelhante ao que foi mencionado sobre as fundações multi-colunas, pode ser verificado em todas as dimensões de acordo com a Publicação 463 (Iranian Road and Railway Bridge Design Regulations), os regulamentos AASHTO STD e AASHTO LRFD, as fundações de muro podem ser divididas em dimensões fracas e fortes. Apenas um aspeto do projeto de pontes é a discussão do projeto estrutural, que é abordado neste curso. Outros aspectos do projeto civil, tais como juntas de dilatação, sistemas de drenagem de águas superficiais do tabuleiro, iluminação, revestimento de asfalto, corrimãos, etc., não são abordados em pormenor neste curso. Por estudo e projeto de pontes entende-se uma estrutura adequada para garantir a passagem segura da estrada prevista. Está disponível a partir da intersecção com a estrada, vale ou rio. Para o dimensionamento dos principais componentes das pontes, incluindo o tabuleiro, as fundações e as fundações, é geralmente utilizado um conjunto de tabelas de cálculo padrão, de acordo com os regulamentos de carga e o projeto selecionado. A aplicação de despesas gerais de cálculo conduzirá à criação de forças internas máximas quando as cargas de passagem críticas são efectivas. Numa classificação geral, a estrutura da ponte é constituída por duas partes: subestrutura e superestrutura. Alguns factores eficazes na classificação das pontes, do ponto de vista do estado da subestrutura e da superestrutura, são os seguintes: a- Em termos de comprimento do vão e como curto, médio e longo. b- Os principais materiais utilizados, tais como alvenaria, betão armado, betão pré-esforçado, aço, alumínio, etc. P- O sistema estrutural do tabuleiro, sob a forma de chapas, vigas e vigas, treliças, arcos, suspensos, treliças, pórticos, etc.- O método de construção do tabuleiro, como in-situ, pré-fabricado, construção do tabuleiro, etc. 3- A utilização da ponte e a sua colocação como passagem de peões, estrada, caminho de ferro, autoestrada, etc., uma vez que ao longo de cada percurso e nas suas intersecções com efeitos naturais como rios e vales, ou outros percursos, a ponte é utilizada para criar uma ligação, os factores ambientais podem ter um efeito significativo na determinação das características geométricas e do sistema estrutural do projeto da ponte. E, tendo em conta as limitações de execução, devem ser determinados o comprimento e o número de vãos, bem como a posição das fundações e outras características geométricas da ponte. Dado que as dimensões da estrutura da ponte em termos de suporte de carga têm uma relação direta com o seu vão, portanto a classificação dos tabuleiros de ponte em termos de suporte de carga, pode ser examinada em dois casos: primeiro - pontes com vãos curtos e médios. segundo - pontes com vãos longos. Por vãos curtos e médios, entendemos aqueles com um comprimento máximo de 50 metros. A superstrutura ou tabuleiro, como recetor de cargas A entrada de cargas na ponte e a sua transferência para as partes da subestrutura, incluindo bases e fundações, são introduzidas pela seguinte ordem, de acordo com os tipos disponíveis, em função do vão e da altura da ponte em análise. Os tabuleiros de um elemento podem ser estudados no grupo das pontes de placa. Este grupo é geralmente constituído por lajes de betão armado ou pré-esforçado e são pré-fabricadas ou in situ. A secção do tabuleiro pode ser sólida ou oca e perfurada. Nestes tabuleiros, que são os tipos mais utilizados, os principais elementos de suporte de carga são um conjunto de vigas paralelas ao eixo longitudinal da ponte, colocadas a determinadas distâncias umas das outras e geralmente pré-fabricadas.. O revestimento superior do tabuleiro destas pontes é feito de betão armado. As cargas no tabuleiro são transferidas para as vigas através da laje de betão, e depois através das vigas para os seus apoios nas fundações. Os materiais habitualmente utilizados na construção das vigas principais podem ser o betão armado, o aço ou o betão pré-esforçado. Atualmente, o betão armado é um dos materiais estruturais mais comuns devido à sua boa durabilidade, ao seu ótimo desempenho face a cargas repetidas e ao seu custo de construção inferior ao de outros materiais. A avaliação das estruturas de betão armado em diferentes condições ambientais e após vários sismos mostra que, se a qualidade do betão e da armadura utilizados for adequada e tendo em conta todos os factores que afectam o projeto da ponte e dos seus vários elementos, podemos esperar um bom desempenho dos mesmos. Entre as formas mencionadas, as secções (I) do formulário são consideradas as mais utilizadas. Devido à falta de condições necessárias para a execução da cofragem requerida para os elementos de betão armado vazados no local do tabuleiro em muitos casos, especialmente em pontes e intersecções não niveladas, bem como ao tempo relativamente longo necessário para a execução da referida cofragem, procura-se, na maior parte dos casos, pré-formar as vigas principais do tabuleiro de betão armado. a fabricar e depois de as instalar nas fundações da ponte, com betão armado vazado no local, formar o conjunto do tabuleiro. Devido às limitações que os elementos de betão apresentam na sua resistência à tração, a utilização de betão armado com armaduras em grandes vãos conduz ao aumento das dimensões da secção transversal, bem como ao aumento do volume de materiais consumidos ou à fendilhação dos elementos de betão. Um dos métodos utilizados para fazer face a estes efeitos é a utilização de aço de pré-esforço nos elementos, nomeadamente nas vigas de betão armado in situ ou pré-fabricadas, o que cria frequentemente condições favoráveis do ponto de vista técnico e económico. Os materiais utilizados nas estruturas de betão pré-esforçado devem ser de excelente qualidade e devem ser utilizados com cuidado. Considerando o facto de o betão jovem, que tem uma resistência relativamente fraca e pode ser alterado, estar sujeito a uma enorme pressão, a sua qualidade deve ser muito superior à do betão utilizado noutras estruturas. Além disso, devido ao facto de o aço estar sujeito a grandes tensões, deve ter uma resistência adequada. As pontes parabólicas de cabos são constituídas por dois pilares compridos colocados de ambos os lados do vão e por dois feixes de cabos que são suspensos no vão passando por cima dos pilares, sendo o tabuleiro da ponte constituído por um conjunto de pendurais verticais do cabo. os referidos pendurais ou suportam diretamente a carga que entra. No entanto, nas pontes estaiadas, o vão da ponte é coberto por vários cabos que são instalados numa base longa. Ao analisar os sistemas de pontes estaiadas implementados em Chegamos à conclusão de que a conceção destes sistemas sempre foi vista como completamente linear e bidimensional, que suportam forças em duas dimensões, o que torna este tipo de pontes muito resistente a forças dinâmicas laterais. Não é bom que suportar a força em três dimensões aumente a sua resistência. Além disso, a utilização de torres de suporte de cabos junto ao vão da ponte, embora faça com que a força seja suportada contra as forças laterais, reduz a sensação de suspensão no espaço, o que não é desejável. O ser humano sempre procurou uma forma de transportar mercadorias de um lugar para outro, embora nos primeiros transportes, utilizando animais de quatro patas para atravessar vales e rios, não houvesse necessidade de arranjos especiais, e atravessar esses obstáculos, embora fosse difícil, era feito de qualquer maneira. Mas a necessidade de uma comunicação mais rápida, bem como as cargas mais pesadas e a utilização de meios de transporte mais avançados, acabaram por fazer com que a humanidade pensasse que era necessária uma passagem para atravessar os rios e os vales. criar aquilo a que hoje chamamos uma ponte. O requisito de qualquer estrada rápida é a travessia fácil e segura de obstáculos naturais, como rios e vales, o que é feito por uma ponte. As pontes podem ser classificadas de diferentes formas, sem que se dê prioridade neste caso. Por exemplo, podem ser classificadas do ponto de vista do comprimento do vão, do sistema estrutural, dos materiais, do método de construção e da utilização. Após a Segunda Guerra Mundial, houve uma grande necessidade e, com ela, melhorias significativas nas técnicas de construção de pontes. A importância deste período foi a utilização da técnica de pré-esforço na construção de pontes. Os anos de 1960 a 1970 foram os anos de florescimento das pontes pré-esforçadas. Este método foi utilizado em vãos simples. Mais tarde, este método foi utilizado na construção de pontes estaiadas e de tabuleiro. Nesta ponte, em vez de se utilizar um cabo suspenso em forma de parábola, vários cabos ligam diretamente o tabuleiro da ponte à torre da ponte e às fundações. As pontes estaiadas tornaram-se muito populares a partir de 1950 devido à sua dificuldade, beleza, economia de projeto e relativa facilidade de execução na gama de vãos médios e longos. O princípio básico na análise do comportamento das pontes estaiadas é que o vão A ponte é suportada por vários cabos que são instalados numa base longa em vários pontos. A gama económica para a utilização de pontes de treliça é de vãos de 180 a 480 metros. ou algumas torres que estão localizadas no meio ou nas duas extremidades da abertura. A partir desta torre, os cabos são geralmente esticados na diagonal para ambos os lados e suportam as vigas. Os cabos de aço são muito resistentes e flexíveis. Os cabos permitem que uma estrutura alta seja levantada facilmente. São económicos para cobrir grandes distâncias. Embora existam apenas alguns cabos suficientemente fortes para suportar pontes monolíticas, a sua flexibilidade reduz a sua capacidade de suportar forças dinâmicas, como o vento, a que a ponte está sujeita. Por conseguinte, devem ser realizados estudos mais pormenorizados para os vãos maiores das pontes estaiadas, a fim de garantir a estabilidade dos cabos e das pontes contra as forças dinâmicas (vento, terramoto, etc.). mas é considerada uma vantagem contra os terramotos. Ao mesmo tempo, a aparência simples das pontes estaiadas atrai-as e torna-as um elemento diferente. As características únicas do cabo e da sua estrutura no seu conjunto tornam a conceção das pontes estaiadas uma questão complicada. No caso de grandes vãos, onde o vento e o calor aparecem, os cálculos tornam-se muito complicados, e estes cálculos são realmente impossíveis sem a ajuda de computadores e análises informáticas. Estas pontes são utilizadas em vãos muito grandes, a sua composição consiste em duas bases longas em ambos os lados do vão. são colocadas e dois feixes de cabos que passam sobre as fundações são pendurados na abertura e as duas extremidades dos cabos são restringidas em suportes fixos que são geralmente blocos de betão maciços e o tabuleiro da ponte é suportado por um número de cabides verticais dos cabos mencionados É pendurado ou suporta diretamente a carga recebida. Neste tipo de pontes, a carga de entrada é transportada por cabos grossos. Os componentes das pontes suspensas com cabos parabólicos são: cabo, suspensão, pavimento da ponte, pilares que são as fundações das pontes. Para além de todos os tipos de pontes que são utilizadas atualmente, as pontes suspensas têm a capacidade de serem utilizadas na construção de vãos muito longos. À primeira vista, as pontes suspensas e as pontes estaiadas podem parecer semelhantes, mas são completamente diferentes. Uma viga contínua é formada por várias torres que se encontram no meio do vão. A viga em si é geralmente uma viga treliçada ou arqueada, o que é invulgar nos vãos de viga mais curtos. Nas extremidades da ponte, são colocados grandes suportes ou contrapesos para segurar as extremidades dos cabos. Estes estendem-se de um lado da torre e são amarrados ao arnês do lado oposto. Os cabos passam sobre uma estrutura especial designada por suporte ou apoio. Este suporte permite o deslizamento dos cabos e impede este movimento quando as cargas oscilam de um lado para o outro e são puxadas para fora. Além disso, estes suportes são macios. E, lentamente, transferem as cargas dos cabos para a torre. A partir dos cabos principais, cabos mais pequenos, conhecidos como cabos ou cordas suspensas, são pendurados para baixo para que a viga possa ser ligada a eles e ficar suspensa. Algumas pontes suspensas não utilizam contrapesos, mas em vez de cabos, os cabos principais são ligados à extremidade da viga mestra. Esta auto-restrição depende do peso das extremidades dos vãos para o equilíbrio intermédio e mantém o cabo apertado. A maior parte do peso da ponte e das cargas vivas, como os veículos, são pendurados nos cabos, enquanto os cabos são apenas suportados pelas torres. e isto cria uma quantidade incrível de peso que as torres devem ser capazes de suportar.

Embora as pontes suspensas com grandes vãos de vento sejam fortes e estáveis sob cargas de tráfego normais, são vulneráveis às forças aerodinâmicas dos ventos. Para este efeito, são tomadas medidas especiais para a estabilidade e resistência das pontes, de modo a que não vibrem demasiado contra os ventos fortes. Nos sistemas definidos para o projeto de pontes estaiadas, que foram realizados e estão a chegar à fase de implementação, observa-se um problema significativo: todas as estruturas projectadas são lineares e suportam a dor e a força, e na terceira dimensão não há nenhum elemento para suportar a força. No caso de suportar a força em três dimensões, isso faz com que a estrutura resista às forças dinâmicas laterais que entram na ponte. Uma vez que o contraventamento lateral em diferentes pontes é considerado um dos pontos fracos gerais das pontes, a utilização de um método que resista à ponte contra as forças laterais impostas à ponte ajuda. Isto irá melhorar a sua estabilidade. Os sistemas que são concebidos nas pontes estaiadas, o tabuleiro com as torres que lhe estão ligadas, podem suportar alguma força lateral, o que provoca a perda de algumas das características de um cabo. O objetivo da conceção do modelo foi o de poder aproximar uma determinada estrutura das suas características básicas. De acordo com as geometrias utilizadas, os cabos têm a propriedade de serem suspensos e criam a sensação de suspensão no ser humano, mas a utilização de torres que se situam em ambos os lados do tabuleiro dá a sensação de suspensão no espaço. reduzir. Neste modelo, tentou-se que os conceitos introduzidos nas pontes estaiadas não fossem apresentados de forma limitativa para que a mente criativa de cada arquiteto pudesse utilizar o modelo de acordo com as suas necessidades, uma vez que cada projeto tem as suas próprias proporções que são diferentes de outros projectos, o modelo é concetualmente expresso e discutido. O tipo de torres utilizadas neste modelo e a forma como são utilizadas são completamente diferentes dos outros. Estas torres são construídas de forma a aumentar a caraterística mais importante dos cabos, de acordo com o tipo de utilização e a geometria da sua utilização, que é a criação de uma sensação de suspensão nas pontes. Nas pontes estaiadas, devido à colocação de torres junto ao tabuleiro da ponte, toda a ponte atinge uma unidade única, na medida em que as torres se combinam com o tabuleiro da ponte e atingem uma unidade completa, de modo que a identidade das torres pode ser vista na sua ligação ao tabuleiro, mas as torres podem ter uma identidade independente do tabuleiro e, ao mesmo tempo, desempenhar bem as suas funções. Para criar uma identidade independente para as torres Havanese e para criar uma sensação de suspense nas pontes, as torres foram afastadas do tabuleiro da ponte para que pudessem funcionar independentemente e ao mesmo tempo com o tabuleiro da ponte e ser harmoniosas. Ao afastar as torres do tabuleiro da ponte, foi criada uma geometria completamente diferente e a partir de um estado bidimensional. Os modelos lineares actuais deslocaram-se em três dimensões, e os elementos da ponte resistem ao modo tridimensional de suporte de forças, de modo a aumentar a resistência das torres contra as forças descendentes provenientes do tabuleiro da ponte, as torres estão ligeiramente viradas para o exterior da abertura. A torre é rodada e a sua área de secção transversal é aumentada na parte inferior, o que faz com que o centro de gravidade da torre se desloque para a parte central e ajuda a resistir às forças e aumenta a estabilidade das torres. Desta forma, criou-se esta capacidade para que as torres se apresentem como um elemento diferente. que se apresentam com altura elevada, estado rodado e secção transversal trapezoidal. Ao deslocar e alterar a localização das torres, surgiu esta oportunidade para os cabos serem executados em diferentes disposições. Os cabos que foram utilizados no modelo foram utilizados de duas formas. Uma das formas interessantes que podem ser obtidas para o pré-esforço de tração de materiais por forças externas são as formas de sela de cavalo. Normalmente, a tensão nos cascos de sela é proporcional à direção da curvatura, o que, de acordo com o conhecimento das forças da ponte, em vez de um cabo curvo a ser utilizado para o criar, tentámos alcançar o conceito de forma de sela de cavalo de uma nova forma a partir dos 2 grupos de cabos que estão ligados ao tabuleiro da ponte, utilizando a sua geometria. Para além de contribuir para a estabilidade da ponte, que pode ser vista mesmo em estado normal, o conceito de sela de cavalo expõe claramente a relação entre forma e estrutura e, na verdade, entre estrutura e arquitetura. De facto, esta forma mostra a relação que surge entre a estrutura de um complexo e a sua forma, e o sentido estético surge de facto perante uma tal forma e estrutura que se combinam entre si. Para criar uma geometria de tração, foi decidido utilizar o conceito de uma forma estável de uma sela de cavalo. De facto, diz-se que as formas de sela de cavalo têm curvas opostas para criar formas que, por si só, são mais estáveis contra as forças de entrada. Nas formas de sela de cavalo, para cada ponto de curvatura convexa na secção longitudinal, existe uma curvatura côncava na secção vertical da superfície. Há um ponto notável na organização dos cabos que são colocados para suportar a força vertical do peso da estrutura. E foi uma geometria completamente diferente que foi criada devido às razões acima referidas, no modelo, os cabos que suportam os apoios laterais estão ligados à parte inferior das torres. O cabo seguinte que suporta o apoio seguinte do lado do tabuleiro As torres estão ligadas. Assim, são ligados à torre num ponto mais alto do que o cabo anterior, e este processo continua da mesma forma até à parte central do convés. Este tipo de ligação dos cabos cria uma bela forma geométrica que desperta o sentido estético do ser humano. As forças de entrada Na ponte em questão, elas são muito simples e ao mesmo tempo complexas e, para uma melhor compreensão, é necessária uma análise profunda e básica das forças que actuam no modelo. É muito simples. Neste modelo, existem dois tipos de forças, uma das quais é a força do peso da ponte, que é aplicada ao alvo inferior, e as forças laterais que são aplicadas à ponte, como o vento, que cria uma força na direção da asa, e normalmente as pontes Deste ponto de vista, não estão bem escoradas contra as forças de entrada contra as forças laterais. Neste modelo, existem cabos para resistir à força descendente do peso da ponte e cabos na direção oposta para criar resistência à força ascendente do vento. No total, estes dois tipos de cabos criam a geometria de tração necessária para a resistência da ponte. O sistema de estruturas espaciais utilizado neste modelo é diferente dos modelos existentes de vários pontos de vista. A força está em três dimensões. Nos modelos existentes que são concebidos e implementados, são utilizados sistemas para resistir às forças de entrada, que actuam linearmente. De facto, os modelos existentes em duas dimensões são capazes de suportar a força, mas o referido modelo é concebido de uma forma diferente, que utiliza também a terceira dimensão para resistir à força. De facto, a terceira dimensão também está incluída na conceção, a importância desta questão torna-se evidente quando prestamos atenção às suas consequências. Em terceiro lugar, o modelo concebido é de alguma forma restringido contra as forças laterais e, deste ponto de vista, é mais resistente às forças laterais. Uma vez que o contraventamento lateral é considerado uma das fraquezas gerais das pontes, este é um contributo valioso para a estabilidade da ponte. De facto, a criação de curvas opostas que ocorre nas pontes. Para criar estabilidade no modelo e a sua maior resistência contra as forças que entram, ajuda a criar um sentido estético que mostra realmente a combinação da forma arquitetónica e da estrutura. Neste modelo, a conceção foi feita de modo a que o conceito da forma estável de uma sela de cavalo seja utilizado de uma forma nova e diferente. De facto, diz-se que a forma de uma sela de cavalo são formas que têm curvas opostas. Nesta forma, são utilizados dois tipos de curvas, que são definidas linearmente. o que é de alguma forma diferente. O primeiro tipo de curvatura vai em direção à ponta da torre e encontra-se no topo da torre, e o outro tipo destes cabos está ligado a quatro pontos no solo com a mesma distância da torre. Estes dois tipos de cabos criam dois tipos de curvatura convexa e convexa, que podem criar estabilidade no padrão, utilizando o conceito de uma forma de sela de cavalo. O tipo de torres utilizadas neste modelo é diferente das torres existentes em alguns aspectos. Em primeiro lugar, as torres da ponte estão separadas do plano do tabuleiro, o que ajuda a criar uma sensação de suspense na ponte. Atravessar a ponte, mesmo que a torre também não esteja ligada à página de passagem, é agradável e cheio de emoção. Além disso, as torres foram ligeiramente inclinadas para oferecer mais resistência contra as forças de entrada, de modo a que a deslocação do seu centro de gravidade possa ajudar todo o sistema de resistência da ponte e torná-las mais resistentes às forças de entrada. Em termos de organização dos cabos, é diferente dos outros modelos, o que criou uma geometria diferente e bonita. Parece que os cabos que ligam os dois lados da ponte à torre têm menos resistência devido à menor inclinação e, por isso, temos uma maior área de secção transversal. Necessitamos de aberturas intermédias, mas como estes pontos em ambos os lados da ponte estão mais próximos dos apoios laterais da ponte, por isso é-lhes aplicada menos força e necessitam de uma área de secção transversal quase igual à dos outros cabos. Por outro lado, porque a horizontalidade dos seus cabos torna-os mais resistentes à força horizontal e o contraventamento lateral é mais resistente. A coerência de um projeto provém sempre da unidade dos seus componentes que têm características que se realçam mutuamente e se aproximam do objetivo e da ideia do projeto. No modelo concebido, para além do objetivo de suportar a força em três dimensões, foram também considerados como objectivos primordiais a utilização das propriedades de tração do cabo e a criação de uma sensação de suspensão. a envolvente para depreciar as forças recebidas e também prestar atenção à secção transversal das torres, para além de criar uma forma estável para resistir às forças recebidas. A organização dos cabos também é tal que aumenta a resistência contra as forças laterais. Neste modelo, todos os componentes e elementos do modelo, tais como a forma como as torres são colocadas e a organização dos cabos, bem como a forma inovadora de utilizar o conceito da forma estável da sela de cavalo, foram concebidos de tal forma que conseguiram alcançar uma coerência única que não pode ser encontrada em nenhum dos membros do projeto. Isto provocou uma mudança. A sensação de suspensão pode ser vista em toda a ponte concebida, e o modelo conseguiu atingir o objetivo principal do desenho, que é suportar as forças do futuro. Uma ponte é uma estrutura feita de metal, betão ou materiais de construção para a passagem de uma estrada, caminho de ferro ou pedestre, sobre a água ou outro caminho. Na definição antiga, dizia-se que uma ponte é um arco sobre um rio, um vale ou qualquer tipo de passagem. que torna possível a deslocação. Mas hoje, no tema da gestão urbana, uma ponte é considerada como uma estrutura para atravessar barreiras físicas, de modo a que, ao utilizar o espaço (não apenas a superfície da terra), possa facilitar a passagem e o acesso aos lugares. Um dos elementos da construção de pontes são as vigas gerais. É o tipo mais simples de ponte, cujos componentes principais são uma chapa plana e fundações que são colocadas ao longo do comprimento da ponte e transferem o peso da ponte e a carga sobre a ponte para o solo. Estas pontes são utilizadas em grande número nas aldeias devido à sua conceção simples e básica e aos poucos materiais necessários em distâncias curtas. Uma ponte em arco é uma ponte com apoios de extremidade em cada lado, que é semi-circular. tem como Uma ponte que consiste numa série de arcos é chamada uma ponte de vale. A ponte em arco foi inicialmente construída em pedra pelos gregos. Mais tarde, os povos antigos utilizaram argamassa nas suas pontes em arco. De acordo com os princípios de resistência dos materiais, o raio do arco e as dimensões destas pontes são escolhidos de modo a que as cargas verticais que entram se transformem numa força de compressão ao longo do arco. Por conseguinte, em zonas com solos de qualidade adequada, é possível atravessar grandes vãos (até cerca de 500 metros) com pontes em arco. Embora pareça que as pontes estaiadas estão a olhar para o futuro, a sua ideia já percorreu um longo caminho. O primeiro projeto conhecido de uma ponte estaiada foi apresentado num livro chamado "Novas Máquinas" - publicado em 1595 - mas a ideia não pegou até ao século atual, quando os engenheiros começaram a utilizar pontes estaiadas. Na Segunda Guerra Mundial, como o aço era escasso, este plano foi concluído para reconstruir as pontes bombardeadas, cujas fundações ainda estão de pé. Embora as pontes estaiadas não tenham sido construídas na América durante muito tempo, as reacções foram muito positivas. Um tipo de ponte estaiada, uma viga A ponte) é contínua com uma ou mais torres construídas sobre as fundações da ponte a meio do vão. A partir destas torres, os cabos são esticados para baixo (geralmente em ambos os lados) e seguram os cabos de aço da ponte. Os cabos são muito económicos porque permitem uma estrutura mais leve e mais fina, capaz de ligar mais estruturas, apesar de serem necessários apenas alguns para manter toda a ponte forte. No entanto, a sua flexibilidade torna-os fracos contra forças que raramente são consideradas, como o vento. Para pontes estaiadas com vãos longos, devem ser efectuados estudos cuidadosos para garantir a estabilidade dos cabos e da ponte contra o vento. O peso reduzido da ponte é uma desvantagem em caso de ventos fortes e uma vantagem contra os sismos. O assentamento irregular das fundações, que ocorre ao longo do tempo ou durante um terramoto, pode danificar a ponte estaiada. Por isso, é necessário ter cuidado no projeto das fundações. O aspeto moderno e simples da ponte estaiada faz dela um indicador claro e atrativo. As características únicas dos cabos e da estrutura em geral tornam o projeto da ponte muito complicado. Para vãos mais longos, onde o vento e as flutuações devem ser considerados, os cálculos são infinitamente complexos e praticamente impossíveis sem a ajuda de computadores e análises computacionais. Para além disso, é difícil construir uma ponte. As ligações, as torres, as vigas de suporte e os caminhos de cabos são estruturas complexas que exigem uma construção precisa. Não existe uma classificação clara para as pontes estaiadas. No entanto, podem distinguir-se umas das outras pelo número de vãos, torres e cabos, bem como pelo tipo de vigas de suporte. Existem muitas variações no número e tipo de torres, bem como no número e disposição dos cabos. Têm sido utilizadas torres simples, duplas, em forma de portão ou mesmo em forma de A. Além disso, a disposição dos cabos é maioritariamente diferente. Alguns tipos têm uma disposição simples, em forquilha (paralela), em leque (radial) e em estrela. Em alguns casos, apenas os cabos de um lado da torre estão ligados ao tabuleiro e o outro lado está ancorado numa fundação ou num peso igual. As pontes estaiadas dividem-se principalmente em duas partes: treliça e suspensão. As pontes suspensas são utilizadas em vãos muito grandes. O processo de montagem destas pontes consiste em duas pernas longas que se encontram em ambos os lados da abertura e dois feixes de cabos que são suspensos na abertura passando por cima das pernas e as duas extremidades dos cabos são presas em suportes fixos que são normalmente blocos de betão volumosos. O tabuleiro é suspenso por vários suportes verticais. As pontes suspensas modernas são económicas para vãos superiores a 300 metros, sendo mais económicas se for utilizado um tabuleiro metálico, que é mais leve do que o tipo de betão. A facilidade de implementação tornou-se muito popular desde 1950. O princípio básico na investigação do comportamento das pontes de treliça é que estas são instaladas por vários cabos numa base longa e o vão da ponte é tomado em vários pontos. Nestas pontes, o tabuleiro é rigidamente constituído por um Um lado é suportado pelos sacos das fundações e o outro lado é restringido por cabos. As fundações intermédias da ponte têm a forma de H A I. As pontes de treliça com tabuleiros de betão têm sido económicas até vãos de 100 a 700 metros. Para o comprimento médio dos vãos (150 a 850 metros). A ponte de cabos é a escolha mais rápida para uma ponte. O resultado é uma ponte económica cuja beleza é inegável. Além disso, a ponte estaiada é a melhor ponte para o comprimento do vão entre as pontes em consola e as pontes suspensas. Nesta gama de comprimentos de vão, uma ponte suspensa exigirá uma quantidade muito maior de cabos, enquanto uma ponte de viga completa exigirá significativamente mais material, tornando-a significativamente mais pesada. Uma ponte estaiada pode parecer semelhante a uma ponte suspensa. Embora ambas tenham tabuleiros suspensos por cabos e ambas tenham torres, estas duas pontes suportam a carga do tabuleiro de formas muito diferentes. Estas diferenças residem na forma como os cabos são ligados à torre. Na ponte suspensa, os cabos são esticados livremente de uma extremidade à outra das duas torres e a carga é transferida para os apoios situados em cada extremidade. Numa ponte estaiada, os cabos suportam a carga sozinhos enquanto estão ligados às torres. Em comparação com as pontes suspensas, uma ponte estaiada requer menos cabos, pode ser feita com os mesmos blocos de betão pré-fabricados e é também mais rápida de construir. Ponha-se de pé e estenda os braços horizontalmente de cada lado. Suponha que eles são uma ponte e que a sua cabeça é uma torre no meio. Nesta posição, os seus músculos seguram as suas mãos. Experimente fazer um arnês de cabo para segurar as suas mãos. Pegue num pedaço de corda com cerca de 150 cm de comprimento. Peça a um assistente para atar cada extremidade da corda a cada um dos seus cotovelos. Depois, coloque o meio da corda na sua cabeça. Agora, a corda funciona como um arnês e segura os cotovelos para cima. Peça ao seu assistente para atar outro pedaço de corda com cerca de 180 cm de comprimento aos seus pulsos. Coloque a segunda corda na sua cabeça. Agora tem dois arneses de cabos. Onde é que sente a compressão e a pressão da força? Veja como o seu arnês de cabos transfere a carga da ponte (as suas mãos) para a torre (a sua cabeça). Para serem mais bonitas, algumas pontes são construídas mais altas do que o necessário. Este tipo de ponte, que é maioritariamente construído em jardins simbólicos na Ásia Oriental, é também chamado Ponte da Lua (uma vez que este tipo de ponte faz lembrar a forma como a lua se move no céu). Algumas destas pontes nestes jardins podem apenas passar por cima de uma série de leitos de rio secos que a água lavou com os seixos do fundo do rio. Nos palácios, estas pontes são frequentemente construídas sobre pontes artificiais como símbolo de um caminho especial para um lugar muito importante ou um lugar imaginário e hipotético. Por exemplo, 5 pontes na Cidade Proibida em Pequim (capital da China) foram construídas numa série de cursos de água sinuosos, e a ponte central era a única via de passagem para o imperador, a sua mulher e os seus filhos. As pontes são edifícios que são construídos tanto no exterior como no interior das cidades. No passado, barragens e represas foram usadas como pontes, especialmente aquelas que foram construídas para a passagem de pessoas. No Irão, restam apenas algumas partes das antigas pontes. No seu livro, Istakhari menciona uma ponte perto de Organ (Arjan ou Arqan), perto de Behbahan. No passado, existia ali uma grande cidade, da qual nada resta atualmente, e a atual cidade de Behbahan foi construída no seu lugar. Junto à antiga cidade, havia uma ponte com uma abertura larga e comprida, de modo a que um cavaleiro alto, montado num camelo e com uma lança na mão, pudesse passar por baixo dela. Nos últimos tempos, estava de pé, mas, infelizmente, foi destruída nos conflitos que ocorreram entre o governo e os Qashqais. Atualmente, ainda se podem ver vestígios dessa ponte de pedra. Algumas das suas aberturas foram construídas antes do Islão e ainda estão mais ou menos de pé. A ponte pedonal é uma das partes mais utilizadas da vida urbana, o que torna as deslocações nas ruas movimentadas uma coisa confortável para muitas pessoas. As pontes pedonais são geralmente feitas de uma estrutura metálica, pelo que a sua segurança e resistência são de grande importância. O varão é uma das secções de aço mais utilizadas e diversificadas, que é amplamente utilizada na construção de pontes pedonais. A principal tarefa do feixe é suportar as tensões resultantes das forças de cisalhamento e da âncora de flexão; De facto, o feixe tem o dever de suportar e transferir a carga introduzida na estrutura. O processo de laminagem a quente é utilizado para produzir este produto de aço; É claro que, dependendo da proporção de asas e larguras, o feixe é colocado em vários grupos. Este produto é utilizado para produzir colunas de pontes ou treliças. A viga é constituída por duas partes, a asa e a viga. A parte central da viga é denominada viga e os seus bordos são denominados asas. Tendo em conta o elevado volume de utilização desta secção de aço, um dos factores determinantes do custo final da construção de pontes pedonais é o preço da viga de ferro. Outro material utilizado na produção de pontes pedonais é a chapa de aço. Esta chapa é utilizada tanto para fins estruturais como estéticos. A laminagem plana também é utilizada para produzir esta secção de aço. Existem diferentes tipos de chapas de aço que são classificadas com base na tecnologia de fabrico e também nas ligas utilizadas. Por exemplo, uma chapa que é produzida através de um rolo a uma temperatura elevada é designada por chapa quente. Este tipo de chapa tem uma resistência muito elevada. Além disso, ao efetuar uma etapa de lavagem com ácido na chapa quente, é produzida uma chapa fria. O tubo de aço é também um material muito utilizado na produção de pontes pedonais. Este tipo de secção de aço tem dois tipos, com e sem costura. O seu tipo sem costura tem um preço muito elevado e, por isso, é sobretudo utilizado na indústria do petróleo e do gás. No entanto, os tubos com costura produzidos a partir de chapa preta têm um preço mais baixo e, por isso, são muito utilizados na construção de pontes pedonais. O tubo utilizado para construir a ponte pedonal tem um diâmetro entre 0,5 e 16 polegadas e a sua espessura é entre 2 e 6 mm. O último material amplamente utilizado para a produção da ponte pedonal é o estanho. Trata-se de um perfil. Esta secção transversal de aço é feita de forma quase semelhante ao tubo com costura, exceto que os seus bordos devem ser angulados. Existem diferentes tipos de perfis de aço, mas as latas de perfil, as latas industriais ou as colunas são utilizadas com mais frequência na construção de pontes pedonais. Uma lata industrial tem uma espessura de mais de seis milímetros e o comprimento de cada lado é normalmente superior a 12 centímetros. Para além da elevada resistência, este perfil tem um peso muito leve, pelo que é o foco de muitas pessoas. As latas mais pequenas também são utilizadas para fazer vedações para pontes pedonais. As pontes pedonais, como qualquer outra estrutura, têm diferentes tipos que se dividem em função do tipo de utilização e do sistema estrutural que possuem. De seguida, vamos conhecer alguns tipos destas pontes: o tipo mais comum de ponte pedonal é o tipo simples. O vão deste tipo de ponte é de 35 metros de comprimento e são utilizados tubos de aço com um diâmetro de três e seis polegadas para a sua construção. As pontes em arco são um dos tipos de pontes mais antigos e são utilizadas desde a Grécia antiga. Como o seu nome indica, este tipo de ponte é feito em forma de semicírculo e é utilizado em locais onde não é possível utilizar fundações intermédias. Este tipo de conceção faz com que as cargas verticais que entram na ponte se transformem numa força de compressão ao longo do arco. Nestas pontes, são utilizados cabos para ligar a ponte ao tabuleiro. A utilização de cabos é uma forma económica de reduzir os custos de produção. Isto deve-se ao facto de o cabo, para além da sua elevada flexibilidade, ter também uma grande resistência e durabilidade e, ao mesmo tempo, ocupar muito pouco espaço. Além disso, as pontes suspensas por cabo podem cobrir distâncias mais longas do que outras pontes. As pontes suspensas com uma história de 2000 anos foram construídas pela primeira vez na China. No início, nestas pontes, era utilizada uma corrente de ferro moldada como cabo, mas com a invenção do aço, foi possível implementar pontes com um longo vão central. Atualmente, os vãos mais longos podem ser cobertos por pontes estaiadas. Os componentes destas pontes incluem mastros, cabos, âncoras e tabuleiros de ponte, cada uma destas partes dividida em diferentes tipos. Os mastros são estruturas verticais intermédias que suportam os cabos principais e transferem as cargas da ponte para a fundação. Os cabos principais são compostos por cabos paralelos que suportam a treliça. As cargas são transferidas para os mastros por cabos suspensos. As ancoragens são blocos de betão prensados que seguram os cabos principais e funcionam como suporte final de uma ponte. Os tabuleiros de recreio são cintas de reforço das estruturas longitudinais que suportam e distribuem as cargas móveis e proporcionam estabilidade aerodinâmica à estrutura. As cargas que entram nestas pontes incluem forças internas e externas. As tensões internas nestas pontes são de tração e compressão. Os cabos transferem as cargas para os mastros de forma tensa e depois são transferidas dos mastros para o solo como cargas de compressão. São aplicados três tipos de carga a cada ponte, que incluem a carga morta causada pelo peso da ponte, a carga viva causada pelo tráfego na ponte e por factores ambientais, como a mudança de temperatura, o vento, a chuva e a neve, e a carga dinâmica causada por factores ambientais súbitos, como o vento súbito. E o terramoto e o impacto destas forças na estrutura aparecem sob a forma de torção, cisalhamento e intensificação. A conceção de pontes é um dos domínios da engenharia civil e da conceção de estruturas. As pontes estão entre as estruturas mais importantes da engenharia civil porque desempenham um papel especial em alturas críticas. Para projetar uma ponte, é necessário conhecer primeiro o tipo de cargas e a forma de as aplicar à estrutura da ponte. O software de pontes Csi é o software de conceção de pontes mais importante que pode ter em conta muitas questões na conceção de pontes e todas as pontes com secções variáveis, cabos, etc. podem ser concebidas com este software. As pontes são compostas principalmente por apoios ou colunas e tabuleiros. As pontes também podem ser classificadas em diferentes partes em termos de vão. As pontes com vãos curtos e médios podem ser projectadas com sistemas convencionais, mas as pontes com vãos muito longos devem ser projectadas com sistemas de cabos e suspensões, o que requer muita experiência. As técnicas de construção de pontes são diferentes. As pontes podem ser construídas em lajes, vigas e tabuleiros, ou podem ser metálicas, ou pontes com estruturas treliçadas, ou vigas de betão pré-fabricadas, etc. Do ponto de vista da utilização, as pontes podem ser utilizadas para peões, veículos, linhas de transporte de petróleo e gás, etc. As cargas sobre a ponte são classificadas em várias categorias. Cargas gravitacionais causadas pelo peso do tabuleiro e cargas de funcionamento. Dependendo do tipo de ponte, as cargas laterais podem ser de vento ou de terramoto. Cargas de auto-deformação que podem ser devidas a factores como os efeitos da temperatura, a fluência, a perda de cabos pré-tensionados, etc. A colocação das pontes na estrada também depende de vários factores. Por exemplo, se uma ponte for construída sobre um rio, deve ter-se em atenção que as fundações da ponte não devem ser construídas em zonas instáveis e erosivas do rio. Do ponto de vista económico, a ponte com vãos curtos é adequada, mas nos rios, a curta distância das fundações entre si faz com que o caudal se concentre nas fundações, o que pode provocar o colapso da parte lateral das fundações, o que pode ser muito crítico durante as cheias. Uma ponte é uma estrutura utilizada para atravessar obstáculos físicos, como rios e vales. As pontes móveis também são construídas para que navios e barcos longos possam passar por baixo delas. As pontes são classificadas do ponto de vista dos materiais constituintes da seguinte forma: Estas pontes são normalmente construídas em forma de arco, com vigas de malha ou vigas de suporte, e atualmente a sua utilização é temporária. Devido à resistência adequada Devido à compressão dos materiais pétreos, muitas pontes em arco são construídas com estes materiais. Devido à falta de trabalhadores da pedra e ao tempo relativamente longo necessário para preparar os materiais e implementar a estrutura, a utilização destas pontes é atualmente limitada. Atualmente, em muitas pontes em arco, o betão é utilizado em vez da pedra devido à sua resistência à compressão favorável. De acordo com o método de execução e o método de betonagem, as pontes de betão Mosleh podem ser feitas de diferentes secções e com as formas desejadas. Apesar disso, a utilização de secções simples é sempre desejada, a fim de reduzir o preço da moldagem. Em alguns casos, o uso do sistema pré-fabricado provoca a retirada de peças que prendem os moldes e como resultado uma economia considerável. Com o avanço desta técnica, gradualmente, numa vasta gama de edifícios técnicos, as pontes de betão pré-esforçado foram substituídas por pontes metálicas e pontes de betão armado. São fabricadas de várias formas, com vigas de suporte comuns ou vigas de treliça de aço, com arcos ou moldes metálicos, laminadas a partir de chapas e elementos de ligação. Na construção destas pontes, são por vezes utilizadas ligas leves ou secções compostas. A utilização do aço na construção de pontes metálicas começou no século passado e, devido à resistência favorável à tração e à compressão deste material, tornou-se comum em grande escala. Devido ao aumento do preço de produção, os perfis de aço têm normalmente uma espessura reduzida, pelo que, para além do problema da ferrugem e da corrosão, o risco de instabilidades elásticas está sempre presente, por outro lado, considerando que o peso próprio das pontes aumenta rapidamente com o aumento do comprimento do vão. O revestimento das pontes metálicas pode ser de madeira, de pedra, de betão armado ou de chapas metálicas. A utilização de madeira para cobrir pontes foi comum na antiguidade, mas atualmente é raramente utilizada. Além disso, nos novos projectos, os materiais de revestimento em pedra são raramente utilizados devido ao seu peso. Nesta solução, as vigas longitudinais da ponte são Arcos de tijolo e materiais de pedra são ligados entre si. Esta cobertura é feita de uma laje de betão armado que assenta sobre as vigas longitudinais e transversais da ponte. É fácil e muito comum. Um tipo destas coberturas consiste numa série de placas metálicas que são cobertas por betão armado e soldadas na parte superior da viga longitudinal. A espessura total resultante é geralmente fraca (entre 10 e 20 cm). Outro tipo de revestimento metálico comum é a laje ortotrópica. Este revestimento é constituído por uma placa metálica reforçada na direção vertical por chapas simples ou caixas. Suporta igualmente as rodas dos veículos. A sua espessura é geralmente de cerca de 12 mm (para um pneu de caixa) a 14 mm (para um pneu simples). A laje ortotrópica baseia-se nos componentes principais da ponte (vigas longitudinais e transversais). Estas pontes são um dos tipos mais comuns utilizados para vãos médios (até 250 metros). As vigas de Hamal são geralmente fabricadas sob a forma de grelhas metálicas de secções em caixão ou de vigas compostas na totalidade e terão uma deformação muito limitada. As grelhas metálicas são geralmente leves, mas devido à sua aparência, são menos utilizadas em zonas urbanas. Neste caso, as vigas de apoio lateral são geralmente feitas de grelhas metálicas e são os principais componentes da laje. Este sistema pode ser utilizado em situações em que a largura da ponte é limitada (menos de 14 metros). Neste caso, as vigas de apoio são geralmente do tipo de vigas compostas com uma viga completa (que são compostas por várias chapas metálicas com rebites ou soldadura). Além disso, em algumas situações, a subestrutura constituída por vigas ou a viga inferior pode ser substituída por uma secção em caixão. Uma ponte em arco é uma ponte com apoios de extremidade em cada lado, que tem uma forma semicircular. Uma ponte constituída por uma série de arcos é designada por ponte de vale. A ponte em arco foi construída pela primeira vez pelos gregos e era feita de pedra. Mais tarde, os antigos romanos utilizaram argamassa nas suas pontes em arco. De acordo com os princípios da resistência dos materiais, o raio do arco e as dimensões destas pontes são escolhidos de modo a que as cargas verticais que entram se transformem numa força de compressão ao longo do arco. Assim, em zonas com solos de qualidade adequada, é possível atravessar grandes vãos (até cerca de 500 metros) com pontes em arco. Nestas pontes, a laje é uma placa rígida, por um lado sobre as pernas laterais (sacos) e duas pernas longas. meio e, por outro lado, apoia-se elasticamente nos cabos diagonais. Estes cabos estendem-se ao longo de todo o comprimento da ponte e transferem a carga recebida para os pilares médios longos. Os cabos mencionados podem ser colocados em dois planos verticais e paralelos em ambos os lados do tabuleiro ou na direção transversal diagonalmente ao longo do eixo longitudinal da ponte e ligados à base intermédia. que são colocados ao longo do eixo longitudinal da ponte. As bases intermédias da ponte são concebidas em forma de I, A ou H e são geralmente feitas de aço ou de betão armado. As pontes de treliça são construídas em grande número e têm uma extensão até 500 metros. Nestas pontes, a laje assenta como uma placa rígida sobre as bases laterais e intermédias. Devido às pesadas despesas incorridas com a construção de estruturas de betão, a questão da manutenção destas estruturas contra a água e o vento dos dois glaciares é de particular importância para Khordar. Nas zonas em que o leito do rio é solto e pode ser arrastado pelas cheias, a situação à volta da ponte deve ser examinada após várias cheias, para evitar que o solo à volta das fundações seja esvaziado e provoque a destruição da fundação. Depois de terminada a construção da ponte e antes da sua manutenção, os seus vários elementos devem ser cuidadosamente inspeccionados para determinar Se, sob cargas constantes e dispositivos de construção, não foram criadas deformações e fissuras imprevistas, também após o teste de carga, que é submetido à carga mais severa possível durante o período de serviço, todas as deformações criadas e as secções críticas, possíveis fissuras, assentamento das fundações, alterações na forma dos dispositivos de apoio e várias ligações devem ser cuidadosamente examinadas. Durante o período de funcionamento, as diferentes partes da ponte devem ser visitadas em alturas específicas, por exemplo: nas pontes metálicas. Existe a possibilidade de perda de ligações de parafusos e de soldaduras, de oxidação dos elementos e da sua corrosão, e de ocorrência de instabilidades elásticas. Estas visitas devem ser efectuadas de forma contínua, pelo menos de cinco em cinco anos, e cobri-las com materiais adequados para evitar danos nas peças. Além disso, no caso das pontes de betão pré-esforçado, o estado dos dispositivos técnicos e a tensão dos cabos foram examinados, e a oxidação dos cabos pode ser evitada através da realização adequada da injeção. não foram feitas, devem ser rigorosamente evitadas. Existem três tipos principais de pontes: ponte de viga, ponte em arco e ponte suspensa. A principal diferença entre estas três pontes é o vão da ponte. O vão é a distância entre a base inicial e a base final da ponte, quer se trate de um pilar, de paredes de vale ou de uma ponte. Atualmente, o comprimento de uma ponte de vigas moderna não ultrapassa os 60 metros, enquanto uma ponte em arco moderna tem uma extensão de 240 a 300 metros. A ponte suspensa também tem até 7000 pés de comprimento. O que faz com que uma ponte em arco seja mais comprida do que uma ponte em viga? Ou uma ponte suspensa pode ter quase 7 vezes o comprimento de uma ponte em arco. A resposta a esta pergunta pode ser obtida quando sabemos como todos os tipos de pontes são afectados por duas forças importantes: compressão e tensão. A compressão é uma força que aumenta o comprimento e a expansão do objeto sobre o qual actua. Neste contexto, uma mola pode ser mencionada como um exemplo simples. Quando a pressionamos contra o chão ou juntamos as suas duas extremidades, estamos a torná-la mais densa. Esta força de compressão encurta o comprimento da mola. Por outro lado, se afastarmos as duas extremidades da mola uma da outra, a força de tração criada na mola aumenta o seu comprimento. Existem forças de compressão e de tração em todas as pontes, e o dever do projetista da ponte é não permitir que essas forças causem flexão ou rutura. A melhor forma de lidar com estas forças é neutralizá-las, difundi-las ou transferi-las. Difundir a força significa espalhar a força por uma área mais vasta, de modo a que nenhum ponto tenha de suportar o peso da força concentrada. Transferência de força significa o movimento da força de uma área instável para uma área forte, uma área que foi concebida e destinada a suportar a força. Uma ponte em arco é um bom exemplo de dispersão, enquanto uma ponte suspensa é um bom exemplo de transmissão de força. Uma ponte de viga é basicamente uma estrutura horizontal forte que está instalada em dois pilares, localizados nas extremidades de cada lado da ponte. O peso da ponte e qualquer peso adicional que seja aplicado à ponte são diretamente suportados pelas fundações. Pressão: A força de compressão manifesta-se na parte superior do tabuleiro da ponte ou da estrada. Esta força faz com que a parte superior do tabuleiro fique mais curta. Tensão: O resultado da força de compressão na parte superior do tabuleiro leva à criação de uma força de tração na parte inferior do tabuleiro da ponte. Esta tensão aumenta o comprimento da parte inferior da ponte. Dispersão: Muitas pontes de vigas que se encontram nas auto-estradas utilizam vigas de betão ou de aço para suportar a carga. O tamanho da viga, e especialmente a altura da viga, é calculado de acordo com a distância da viga. À medida que a altura da viga aumenta, são necessários mais materiais para dispersar a tensão. Os projectistas de pontes utilizam grelhas ou treliças metálicas para criar vigas longas. Esta treliça confere resistência à viga e aumenta a sua capacidade de distribuir a força de compressão ou de tração. Quando a viga começa a comprimir-se, esta força é distribuída pelas treliças. Para além da criatividade da treliça, a ponte está limitada no seu comprimento. Ao aumentar o seu comprimento, o tamanho da treliça também deve aumentar até que a treliça chegue a um ponto em que não possa mais suportar o seu próprio peso. Tipos de pontes de viga: as pontes de viga são fabricadas em muitos estilos. O tipo de conceção, o local e a forma de construir uma treliça determinam o tipo de treliça. No início da revolução industrial, a construção de pontes de vigas nos Estados Unidos desenvolveu-se rapidamente. Os projectistas fizeram prosperar esta profissão com novos desenhos e várias estruturas. As pontes de madeira foram substituídas por pontes metálicas ou semi-metálicas. Estes vários exemplos de treliças deram passos efectivos no sentido do progresso neste domínio. Uma das primeiras e mais famosas foi a treliça Howe, concebida e inventada por William Howe em 1840. A fama da sua nova invenção não estava no seu desenho de treliça, porque era semelhante ao desenho da viga real. A forma de utilizar vigas de ferro verticais com um conjunto de vigas de madeira diagonais foi o seu projeto que ficou conhecido. Atualmente, muitas pontes de vigas ainda utilizam o desenho de Howe nas suas treliças. Resistência da treliça: Uma viga absorve sozinha qualquer compressão ou tensão. A compressão mais elevada encontra-se no ponto mais alto da viga e a tensão mais elevada encontra-se no ponto mais baixo da viga. Há menos compressão e tensão no meio da viga. Se a viga for concebida de modo a que a quantidade máxima de material seja utilizada na parte superior e inferior da viga e menos material seja utilizado no meio da viga, esta será mais capaz de suportar forças de tração ou compressão. (Na explicação, podemos dizer que as vigas em forma de I são mais fortes do que as vigas rectangulares simples). O centro da viga é constituído pelos elementos diagonais da treliça, de modo a que o topo e a base da treliça representem o topo e a base da viga. Ao olhar para a treliça desta forma, podemos ver que a parte superior e inferior da viga consome mais material do que o centro (porque o cartão canelado é muito forte). Para além da informação acima referida sobre os efeitos da treliça, existe outra razão. Há uma indicação do motivo pelo qual uma treliça é mais forte do que uma viga: uma treliça tem a capacidade de distribuir a força. A treliça é concebida de tal forma que, devido ao grande número de triângulos - que são normalmente utilizados na mesma - pode criar uma estrutura muito forte e transferir a força de um ponto para uma grande área. Uma ponte em arco é uma estrutura com a forma de um semicírculo com meios pilares de cada lado. O desenho do arco é tal que transfere naturalmente o peso do tabuleiro da ponte para os meios pilares e torna-o flexível. Pressão: As pontes em arco estão sempre sob pressão. A força de compressão entra sempre ao longo do arco e em direção às meias-pernas. Tensão: A tensão num arco é insignificante e desprezível. A propriedade natural da flexão do arco e a sua capacidade de espalhar a força para o exterior reduzem significativamente os efeitos da tensão na parte inferior das Qams. No entanto, à medida que o ângulo de flexão aumenta (o semicírculo do arco aumenta), os efeitos da força de tração também aumentam no mesmo. Como mencionado, a forma do arco, por si só, faz com que o peso do centro do tabuleiro da ponte seja transferido para as fundações das asas. À semelhança das pontes de vigas, a dimensão da ponte tem um efeito na resistência da ponte e acaba por a ultrapassar. Dispersão: Os tipos de arcos são limitados. Atualmente, existem arcos como o "romano "3, o "barroco "4 e o "renascentista "5, todos eles distintos em termos de arquitetura e aparência, mas iguais em termos de estrutura. A resistência destas pontes depende da sua forma geométrica. Uma ponte em arco não necessita de apoios ou cabos. E os arcos feitos de pedra nem sequer precisam de reboco ou argamassa. No passado, os antigos romanos construíram pontes em arco (pontes de água) que ainda estão de pé e as suas estruturas ainda hoje são consideradas importantes. Uma ponte suspensa é uma ponte que é suportada por cabos (ou cordas ou correntes) que atravessam o rio ou onde quer que haja um obstáculo) são esticados e o tabuleiro é suspenso por esses cabos. As pontes suspensas modernas têm duas torres no meio da ponte, que são puxadas por cabos. Por conseguinte, as torres suportam a maior parte do peso da estrada. Força de compressão: A força de compressão do tabuleiro da ponte suspensa condensa-se para baixo e, como resultado desta força de compressão, entra nas torres. Mas como se trata de uma ponte suspensa, os cabos retiram esta força de compressão das torres e dispersam-na entre elas. E transferem-na para o solo, onde estão firmemente amarrados. Tensão: Os cabos que estão colocados entre as suas duas ancoragens, ou seja, os apoios, recebem a força de tração. O peso da ponte e o transporte sobre ela fazem com que estes cabos sejam esticados. Os apoios também estão sob tensão, mas como estão firmemente amarrados ao solo como as torres, a tensão neles é dispersa. Quase todas as pontes suspensas, para além dos cabos, têm também um sistema de treliça que é colocado sob o tabuleiro da ponte (treliça de convés). Este sistema aumenta a resistência do tabuleiro e reduz a tendência da superfície da estrada para flutuar e ondular. Tipos de pontes suspensas: As pontes suspensas são concebidas de duas formas: uma ponte suspensa em forma de M e um tipo menos utilizado que é o "cabo de suspensão". 6 é concebida para ser mais parecida com A. As pontes suspensas por cabo já não necessitam de duas torres e quatro apoios como as pontes suspensas convencionais. Em vez disso, os cabos são amarrados firmemente desde o lado da estrada até ao topo da torre. Em ambos os tipos de pontes, os cabos estão sob tensão. Outras forças na ponte: Falámos muito sobre as duas grandes e importantes forças de compressão e tensão na conceção de pontes. Existem muitas outras forças na ponte que devem ser consideradas no projeto da ponte. Estas forças dependem normalmente de um determinado local ou estão relacionadas com o tipo de ponte. Força de binário: A força de binário é uma força de rotação ou de torção e é uma das forças que não está efetivamente presente nas pontes em arco e em viga, mas está significativamente presente nas pontes suspensas. Existe. A forma natural do arco e das treliças nas pontes de vigas elimina os efeitos destrutivos desta força. Devido ao facto de estarem suspensas no ar (por cabos), as pontes suspensas são muito vulneráveis a esta força de binário, especialmente quando sopram ventos fortes. reduz, mas em pontes longas, a treliça no tabuleiro por si só não é suficiente. O teste do "túnel de vento" 7 é efectuado no modelo para medir a resistência da ponte contra movimentos de rotação. A criação de treliças aerodinâmicas nas estruturas e a suspensão de cabos diagonais são alguns dos métodos utilizados para reduzir os efeitos das forças de binário.

REFERÊNCIAS

Heins CP, Kano KI. Placas de ancoragem para pontes estaiadas. Comp Struct 1984;18 (1):47-54.

Zhang Y, Li Q, Man H. Análise das tensões e da rota de transmissão de forças na zona de ancoragem em forma de caixa para pontes estaiadas. J Southwest Jiaotong Univ 2006; 41(2):179-83.

CCCC Highway Consultants. Especificações para o projeto de pontes metálicas rodoviárias: JTG D64-2015 2015.

Man H, Yang X. Investigação experimental e teórica sobre a estrutura de ancoragem da viga-cabo de pontes estaiadas de aço de longo vão. Geotech Spec Publ 2011;214: 34-9.

Wei X, Qiang S. Desempenho à fadiga da zona de ancoragem de uma ponte estaiada de longo vão de pilão único. J Southwest Jiaotong Univ 2011;46(6):940-5.

Liu Q, Qiang S, Zhang Q, Chen W. Análise estrutural do cabo da placa de orelha e ancoragem da viga para ponte estaiada. China J Highw Transp 2002;15(1):72-5.

Wei X, Li J. Estudo teórico e experimental das ancoragens do cabo à viga em pontes estaiadas de longo vão com viga de caixa de aço. Adv Mater Res 2011;1279 (255-260):1315-8.

Li X, Cai J, Qiang S. Modelo de ancoragem da viga-cabo para pontes estaiadas de longo vão com viga-caixão de aço. Eng Mech 2004;21(6):84-90.

Li X, Cai J, Qiang S. Estudos sobre modelos de ancoragem de viga-cabo para pontes estaiadas de grande vão com viga-caixão de aço. China Civ Eng J 2004;37(3):73-9.

Yang X, Li Q, Ran Q. Análise tridimensional das tensões da viga caixão principal com secção transversal simples de caixa dupla utilizada numa ponte estaiada. China J Highw Transp 2006;19(1):71-4.

Chen K, Zheng G. Mecanismo de transmissão de carga de uma ponte estaiada em caixão de aço de grande vão na zona de ancoragem entre o cabo e a viga. China Railw Sci 2005; 26(4):28-31.

Zhang Q, Li Q. Características mecânicas da ancoragem cabo-viga para pontes estaiadas com vigas em caixão de aço I: modelo teórico. China Civ Eng J 2012;45(07): 120-6.

Zhang Q, Li Q. Características mecânicas da ancoragem cabo-viga para pontes estaiadas com vigas em caixão de aço II: mecanismo de transferência de carga. China Civ Eng J 2012;45 (9):100-7.

Zhang Q, Li Q. Estudo experimental sobre a ancoragem da viga-cabo para pontes estaiadas superlongas com vigas em caixão de aço. China Civ Eng J 2011;44(9):71-80.

Lin J, Huang M. Análise do desempenho mecânico da estrutura da zona de ancoragem da viga-cabo com base no método dos elementos híbridos. J Phys Conf Ser 2022;2381(1):012023.

Zhang D, Gao Q, Liu B, Liu X, Li X. Estudo experimental da força estática na ancoragem da viga-cabo da ponte estaiada. Int Conf Logist Eng Manag 2012: 1242-8.

Li G, He D, Liu Y, Pu L, Wei X. Análise da capacidade de suporte de carga e estudo do mecanismo de transferência de carga da zona de ancoragem da viga-cabo da ponte Xihoumen Rail-cum-Road. Bridge Constr 2023;53(03):40-7.

Li G, Xiao L, Huang Q, Pu L, Wei X. Investigação experimental sobre o desempenho da estrutura de ancoragem de viga-cabo de pontes suspensas estaiadas híbridas. Struct 2023;56:104911.

Zhou X, Lu Z, Di J, Fan H. Análise da capacidade de suporte final na zona de ancoragem da viga-cabo da ponte estaiada com viga em caixão de aço. J Chang' Univ (Nat Sci Ed) 2007;03:47-56.

Zhou Z, Chen S, Chen Y, Lei S. Estudo sobre o mecanismo de transferência de força local da área de ancoragem da viga-cabo do tipo caixa de ancoragem de aço de uma ponte em arco de vão longo amarrado. Highw Eng 2022;47(04):47-52+102.

Wu C, Wei J, Zeng M, Su Q. Estudo experimental da força estática na zona de ancoragem de cabos e vigas da ponte estaiada da ponte do rio Changjiang em Xangai. Bridge Constr 2007;06:30-3.

Wan Z, Li Q. Teste de modelo e análise de cálculo da zona de ancoragem da caixa de ancoragem de aço para ponte estaiada de longo vão. J China Railw Soc

2007;29(5):89-92.

Wan Z, Li Q. Análise de elementos finitos em 3D da zona de ancoragem da viga-cabo para uma ponte estaiada de longo vão. China Railw Sci 2007;27(2):41-5.

Wei X, Xiao L, Wang Z. Ensaios de espécimes à escala real e estudos paramétricos sobre ancoragens de placa de tração entre cabos e vigas em pontes estaiadas com vigas de aço. J Bridge Eng 2018;23(4).

Wei X, Li X, Li J, Qiang S, Wang Z. Estudo experimental sobre a ancoragem de placas de ancoragem para pontes suspensas por cabos com viga de caixa de aço. Eng Mech 2007;24(4):135-41.

Wang Y, Wang Z, Wei X, Qiang S. Teste e análise de elementos finitos da ancoragem da placa de reforço para pontes estaiadas. STAHLBAU 2013;82(4):313-21.

Yao J, Li J. Análise da condição de força da zona sob a placa de tração da âncora da ponte principal norte da ponte Xiazhang Sea-Crossing. Bridge Constr 2013;43(4):39-43.

Liu Q, Qiang S, Zhang Q, Chen W. Análise estrutural do cabo da placa de orelha e ancoragem da viga para ponte estaiada. China J Highw Trans 2002;15(1):72-5.

Wei X, Qiang S. Análise 3D da zona de ancoragem entre a viga e o cabo numa ponte estaiada.

China Railw Sci 2004;25(5):67-71.

Zhu J, Ye J. Distribuição de tensões na zona de ancoragem entre a viga e o cabo numa ponte estaiada com viga em caixão de aço. J Harbin Inst Technol 2009;41(06): 150-4.

Zhu J, Xiao R, Cao Y. Ensaio de modelos sobre a ancoragem de cabos da viga principal da ponte da baía de Hangzhou. China Civ Eng J 2007;40(1):49-53+59.

Wang S, Xiang Z, Xie B, Zhao J. Análise da tensão na zona de ancoragem da viga de cabo para ponte suspensa por cabo. J Chongqing Jiaotong Univ 2012;31(4):751-4.

Yan H, Fan LC. Investigação sobre o problema de contacto não linear da ancoragem da viga-cabo de uma ponte estaiada de grande vão. China J Highw Transp 2004;02:47-50.

Administração Geral de Supervisão da Qualidade, Inspeção e Quarentena da República Popular da China. Cordão de aço para betão pré-esforçado: GB/T 5224- 2014. 2014.

Administração Estatal para a Regulação do Mercado. Materiais metálicos - Ensaio de tração - Parte 1: Método de ensaio à temperatura ambiente: GB/T 228.1-2021. 2021.

Vann W.P., Sehested J. Experimental Techniques for Plate Buckling. 1973. p. 83-105.
Smith TRG. O efeito das imperfeições iniciais na resistência de colunas de caixa de paredes finas. Int J Mech Sci 1971;13(11):911-25.

Hui D. Conceção de imperfeições geométricas benéficas para o colapso elástico de colunas de caixa de paredes finas. Int J Mech Sci 1986;28(3):163-72.

Rasmussen KJR, Hancock GJ. Ensaios de colunas de aço de alta resistência. J Constr Steel Res 1995;34(1):27-52. [40] Fu K, Huang Y, Yao J, Sun Y. Otimização do projeto estrutural de caixas de ancoragem de aço na zona de ancoragem da viga-cabo da ponte rodoviária do rio Zhuankou Yangtze. J Civ Eng Manag 2018;35(02):140-7. s Adeli, H., Park, H.S., 1995. Otimização de estruturas espaciais por dinâmica neural. Neural Netw. 8 (5), 769-781.

Adeli, H., Park, H.S., 1998. Neurocomputing for Design Automation. CRC Press. Agrawal, A., Tan, P., Nagarajaiah, S., Zhang, J., 2009. Problema de controlo estrutural de referência para uma ponte rodoviária sismicamente excitada - Parte i: Definição do problema na fase i. Struct. Controlo e monitorização da saúde: Off. J. Int. Assoc. Struct. Controlo Monit. Eur. Assoc. Control Struct. 16 (5), 509-529.

Aldwaik, M., Adeli, H., 2014. Avanços na otimização de estruturas de edifícios altos. Struct. Multidiscip. Optim. 50 (6), 899-919.

Aldwaik, M., Adeli, H., 2016. Otimização de custos de lajes planas de betão armado de configuração arbitrária em estruturas irregulares de edifícios altos. Struct. Multidiscip. Optim. 54 (1), 151- 164.

AlHamaydeh, M., Jaradat, M.A., Serry, M., Sawaqed, L., Hatamleh, K.S., 2017. Controlo estrutural de mr-dampers com controlador quasi-bang-bang otimizado por algoritmo genético. Em: 2017 7ª Conferência Internacional sobre Modelagem, Simulação e Otimização Aplicada (ICMSAO). IEEE, pp. 1-6.

Banerjee, S., Hecker, J.P., 2017. Uma abordagem de sistema multiagente para balanceamento de carga e alocação de recursos para computação distribuída. In: Primeira Conferência E- Mundial do Campus Digital de Sistemas Complexos 2015. Springer, pp. 41-54.

Bauso, D., 2016. Teoria dos jogos com aplicações em engenharia. SIAM. Brommer, J.E., 2000. A evolução da aptidão na teoria da história de vida. Biol. Rev. 75 (3), 377-404.

Buckle, I.G., Constantinou, M.C., Diceli, M., Ghasemi, H., 2006. Seismic Isolation of Highway Bridges (Isolamento sísmico de pontes rodoviárias). Tech. Rep. No. MCEER-06-SP07.

Cha, Y., Agrawal, A., Dyke, S., 2012. Efeitos do atraso temporal em estratégias de controlo semi-ativo baseadas em amortecedores de mr em grande escala. Smart Mater. Struct. 22 (1), 015011.

Cheng, F.Y., Jiang, H., Lou, K., 2008. Estruturas inteligentes: Sistemas inovadores para o controlo da resposta sísmica. CRC press. De Silva, C.W., 1995. Controlo Inteligente: Fuzzy Logic Applications. CRC press.

Dehghani, N.L., Darestani, Y.M., Shafieezadeh, A., 2020. Melhoria óptima da resiliência do ciclo de vida de sistemas de distribuição de energia envelhecidos: Um planeamento de manutenção preventiva baseado em minlp. IEEE Access 8, 22324-22334.

Dyke, S., Spencer Jr, B., Sain, M., Carlson, J., 1996. Modelação e controlo de amortecedores magnetorheológicos para redução da resposta sísmica. Smart Mater. Struct. 5 (5), 565.

El-Khoury, O., Shafieezadeh, A., Fereshtehnejad, E., 2018. Uma estratégia de custo do ciclo de vida baseada no risco para uma conceção óptima e avaliação de métodos de controlo para estruturas não lineares. Earthq. Eng. Estrut. Dyn. 47 (11), 2297-2314.

Elhenawy, M., Elbery, A.A., Hassan, A.A., Rakha, H.A., 2015. Um algoritmo de controlo de tráfego baseado em gametheory de interseção num ambiente de veículo conectado. In: 2015 IEEE 18ª Conferência Internacional sobre Sistemas de Transporte Inteligentes. IEEE, pp. 343-347.

Fujino, Y., Siringoringo, D.M., Ikeda, Y., Nagayama, T., Mizutani, T., 2019. Investigação e implementação de monitorização estrutural para pontes e edifícios no Japão. Engenharia 5 (6), 1093-1119.

Ghaedi, K., Ibrahim, Z., Adeli, H., Javanmardi, A., 2017. Revisão convidada: Desenvolvimentos recentes no controlo de vibrações de estruturas de edifícios e pontes. J. Vibroeng. 19 (5), 3564-3580.

Gkatzogias, K.I., Kappos, A.J., 2016. Sistemas de controlo semi-activos na engenharia de pontes: uma revisão do estado atual da prática. Struct. Eng. Int. 26 (4), 290-300.

Gutierrez Soto, M., 2018. Metodologia de controlo de vibrações híbrida bio-inspirada para estruturas de pontes isoladas inteligentes. In: Estruturas inteligentes ativas e passivas e sistemas integrados XII, Vol. 10595. Sociedade Internacional de Ótica e Fotónica, 1059511.

Gutierrez Soto, M., Adeli, H., 2017a. Otimização de controle de muitos objetivos de estruturas de edifícios altos usando dinâmica de replicador e modelo de dinâmica neural. Struct. Multidiscip. Optim. 56 (6), 1521-1537.

Gutierrez Soto, M., Adeli, H., 2017b. Controlador replicador multiagente para controlo sustentável da vibração de estruturas inteligentes. J. Vibroeng. 19, 4300-4322.

Gutierrez Soto, M., Adeli, H., 2018. Controle de vibração de edifícios irregulares isolados por base inteligente usando modelo de otimização dinâmica neural e dinâmica de replicador. Eng. Struct. 156, 322-336.

Gutierrez Soto, M., Adeli, H., 2019. Controle de vibração semi-ativo de estruturas de pontes rodoviárias isoladas inteligentes usando a dinâmica do replicador. Eng. Struct. 186, 536-552.

Han, Q., Du, X., Liu, J., Li, Z., Li, L., Zhao, J., 2009. Danos sísmicos em pontes rodoviárias durante o terramoto de 2008 em Wenchuan. Earthq. Eng. Eng. Vib. 8 (2), 263-273.

Hou, Z.-S., Wang, Z., 2013. Do controlo baseado em modelos ao controlo baseado em dados: Survey, classification and perspective. Inform. Sci. 235, 3-35.

Hsu, Y.T., Fu, C.C., 2004. Efeito sísmico em pontes rodoviárias no terramoto de chi chi. J. Perform. Constr. Facil. 18 (1), 47-53.

Ikeda, Y., 2009. Controlo ativo e semi-ativo das vibrações de edifícios no Japão - Aplicações práticas e verificação. Struct. Controlo e monitorização da saúde: Off. J. Int. Assoc. Struct. Controlo Monit. Eur. Assoc. Control Struct. 16 (7-8), 703-723.

Jansen, L.M., Dyke, S.J., 2000. Estratégias de controlo semi-ativo para amortecedores mr: estudo comparativo.J. Eng. Mech. 126 (8), 795-803.
Javadinasab Hormozabad, S., Ghorbani-Tanha, A.K., 2020. Controle fuzzy semi-ativo da ponte estaiada de lali usando amortecedores mr sob excitação sísmica. Front. Struct. Civ. Eng. 14 (3), 706-721.

Kunde, M., Jangid, R., 2003. Comportamento sísmico de pontes isoladas: A-state-of-the-art review. Electron. J. Struct. Eng. 3 (2), 140-169.

Makris, N., 2019. Isolamento sísmico: História inicial. Earthq. Eng. Struct. Dyn. 48 (2), 269-283.
Marden, J.R., Shamma, J.S., 2015. Teoria dos jogos e controlo distribuído. In: Handbook of Game Theory with Economic Applications, Vol. 4. Elsevier, pp. 861-899.

Micheli, L., Alipour, A., Laflamme, S., Sarkar, P., 2019. Projeto baseado no desempenho com avaliação do custo do ciclo de vida para sistemas de amortecimento integrados em edifícios altos excitados pelo vento. Eng. Struct. 195, 438-451.

o Engineering Applications of Artificial Intelligence 99 (2021) 104138

Nagarajaiah, S., Narasimhan, S., Agrawal, A., Tan, P., 2009. Problema de controlo estrutural de referência para uma ponte rodoviária sismicamente excitada-Parte iii: Controlador de amostra da fase ii para o caso totalmente isolado da base. Struct. Controlo e Monitorização da Saúde: Off. J. Int. Assoc. Struct. Controlo Monit. Eur. Assoc. Control Struct. 16 (5), 549-563.

Neff Patten, W., Sun, J., Li, G., Kuehn, J., Song, G., 1999. Teste de campo de um reforço inteligente para pontes na ponte I-35 walnut creek. Earthq. Eng. Estrut. Dyn. 28 (2), 109-126.

Neghabi, A.A., Navimipour, N.J., Hosseinzadeh, M., Rezaee, A., 2018. Mecanismos de balanceamento de carga nas redes definidas por software: uma revisão sistemática e abrangente da literatura. IEEE Access 6, 14159-14178.

Ok, S.-Y., Kim, D.-S., Park, K.-S., Koh, H.-M., 2007. Controlo fuzzy semi-ativo de pontes estaiadas utilizando amortecedores magneto-reológicos. Eng. Struct. 29 (5), 776-788.

Palacio-Betancur, A., Gutierrez Soto, M., 2019. Controle de rastreamento adaptativo para simulação híbrida em tempo real de estruturas sujeitas a carregamento sísmico. Mech. Syst. Signal Process. 134, 106345.

Park, K.-S., Koh, H.-M., Ok, S.-Y., Seo, C.-W., 2005. Controlo de supervisão difuso de pontes estaiadas excitadas por sismos. Eng. Struct. 27 (7), 1086-1100.

Pinkaew, T., Fujino, Y., 2001. Eficácia de amortecedores semi-activos de massa sintonizada sob excitação harmónica. Eng. Struct. 23 (7), 850-856.

Salari, S., Javadinasab Hormozabad, S., Ghorbani-Tanha, A.K., Rahimian, M., 2019. Sistema tmd móvel inovador para controle de vibração semi-ativo de cabos inclinados. KSCE J. Civ. Eng. 23 (2), 641-653.

Soares, R.W., Barroso, L.R., Al-Fahdawi, O.A.S., 2020. Controlo adaptativo para atenuação da resposta de pontes atirantadas sismicamente excitadas. J. Vib. Control 26 (3-4), 131-145.

Sohrabi, M.K., Azgomi, H., 2020. Um estudo sobre a utilização combinada de métodos de otimização e teoria dos jogos. Arch. Comput. Methods Eng. 27 (1), 59-80.

Song, W., Dyke, S., 2014. Atualização do modelo dinâmico em tempo real de um sistema estrutural histerético. J. Struct. Eng. 140 (3), 04013082.

Stanikzai, M.H., Elias, S., Matsagar, V.A., Jain, A.K., 2020. Controlo da resposta sísmica de edifícios isolados na base utilizando amortecedores de massa sintonizados. Aust. J. Struct. Eng. 21 (1), 310-321.

Symans, M.D., Kelly, S.W., 1999. Controlo lógico difuso de estruturas de pontes utilizando sistemas inteligentes de isolamento sísmico semi-ativo. Earthq. Eng. Estrut. Dyn. 28 (1), 37-60.

Tan, P., Agrawal, A.K., 2009. Problema de controlo estrutural de referência para uma ponte rodoviária sismicamente excitada - parte ii: fase i dos projectos de controlo de amostra. Struct. Controlo e monitorização da saúde: Off. J. Int. Assoc. Struct. Controlo Monit. Eur. Assoc. Control Struct. 16 (5), 530-548.

Tse, K.-T., Kwok, K.C., Tamura, Y., 2012. Avaliação do desempenho e do custo de um amortecedor de massa sintonizado inteligente para suprimir o movimento lateral-torcional induzido pelo vento de estruturas altas. J. Struct. Eng. 138 (4),

514-525.

Villalobos, I.A., Poznyak, A.S., Tamayo, A.M., 2008. Problema de controlo do tráfego urbano: uma abordagem à teoria dos jogos. IFAC Proc. Vol. 41 (2), 7154-7159.

Wang, N., Adeli, H., 2015. Algoritmo de rede neural wavelet autoconstrutiva para controlo não linear de grandes estruturas. Eng. Appl. Artif. Intell. 41, 249-258.

Wardhana, K., Hadipriono, F.C., 2003. Analysis of recent bridge failures in the United States (Análise de falhas de pontes recentes nos Estados Unidos). J. Perform. Constr. Facil. 17 (3), 144-150.

Xia, J., Zhang, J., Feng, J., Wang, Z., Zhuang, G., 2019. Controle fuzzy adaptativo baseado em filtro de comando para sistemas não lineares com direções de controle desconhecidas. IEEE Trans. Syst. Man Cybern: Syst.

Xie, Y., Wang, C., Shi, H., Shi, J., 2018. Um método de controle orientado a dados para supressão de vibração de estrutura. Ata Astronaut. 143, 302-309.

Yamamoto, M., Aizawa, S., Higashino, M., Toyama, K., 2001. Aplicações práticas de amortecedores de massa ativa com atuador hidráulico. Earthq. Eng. Estrut. Dyn. 30 (11), 1697-1717.

Yanik, A., Aldemir, U., 2019. Um modelo de controlo estrutural simples para estruturas excitadas por terramotos. Eng. Struct. 182, 79-88.

Yi, F., Dyke, S.J., Caicedo, J.M., Carlson, J.D., 2001. Verificação experimental de estratégias de controlo sísmico multi-input para amortecedores inteligentes. J. Eng. Mech. 127 (11), 1152-1164.

Zamanian, S., Terranova, B., Shafieezadeh, A., 2020. Variáveis significativas que afectam o desempenho de painéis de betão impactados por projécteis transportados pelo vento: Uma análise de sensibilidade global. Int. J. Impact Eng. 103650.

Zhang, J., Agrawal, A.K., 2015. Um controlador semiativo passivo simples emulado por hardware inovador para controlo de vibrações de amortecedores mr. Smart Struct. Syst. 15 (3), 831-846.

Zhang, Y., Guizani, M., 2011. Teoria dos jogos para comunicações e redes sem fios. CRC press.

Peyton HR. Sea ice forces. Pressões do gelo contra estruturas, 92. Conselho Nacional de Investigação do Canadá. Memorando técnico; 1968. p. 117-23.

Blenkarn KA. Medição e análise das forças do gelo nas estruturas de Cook Inlet. In: Conferência de tecnologia offshore. Conferência de Tecnologia Offshore; 1970.

Engelbrektson A. Cargas dinâmicas de gelo num farol. In: Actas do Congresso de Engenharia Portuária e Oceânica em Condições Árcticas; 1977. p. 654-63.

Sodhi DS. Vibrações de estruturas induzidas pelo gelo. In: Actas da nona associação internacional de engenharia hidráulica e simpósio de investigação sobre gelo; 1988. p. 625-57.

Yue Q, Zhang X, Bi X, Shi Z. Medições e análise da vibração em estado estacionário induzida pelo gelo. In: Actas da conferência internacional sobre engenharia portuária e oceânica em condições árcticas; 2001.

Fang H, Duan M, Xu F. Análise da fiabilidade da fadiga e dos danos induzidos pelo gelo em estruturas de engenharia offshore. China Ocean Eng 2000;14(1):15-24.

Wu Tianyu, Qiu Wenliang. Um modelo dinâmico de interação gelo-estrutura para a previsão da vibração induzida pelo gelo. Período Polytech Civ Eng 2019;63(2):550-61.

Frederking R, Sudom D. Maximum ice force on the Molikpaq during the April 12, 1986 event. Cold Reg Sci Technol 2006;46(3):147-66.

Brown TG. Análise de cargas de eventos de gelo derivadas da resposta estrutural. Cold Reg Sci Technol 2007;47(3):224-32.

Bjerkås M. Wavelet transforms and ice actions on structures. Cold Reg Sci Technol 2006;44(2):159-69.

Yue Q, Qu Y, Bi X, Tuomo K. Espectro de força do gelo em estruturas cónicas estreitas. Cold Reg Sci Technol 2007;49(2):161-9.

M€ a€ att€ anen M. Modelo numérico para bloqueio e sincronização de cargas vibratórias induzidas pelo gelo. In: Actas do 14° simpósio internacional sobre gelo. vol. 2; 1998. p. 923-30. Potsdam/Nova Iorque/EUA.

K€ arn€ a T, Gravesen H, Fransson L, Løset S. Simulação de vibrações multimodais devidas a acções do gelo. In: Actas do 20° simpósio internacional sobre gelo (IAHR). vol. 1; 2010. Lahti, Finlândia.

Hendrikse H, Metrikine A. Vibrações induzidas pelo gelo e encurvadura do gelo. Cold Reg Sci Technol 2016;131:129-41.

Yue Q, Guo F, K'arn'a T. Forças dinâmicas do gelo em estruturas verticais delgadas devido ao esmagamento do gelo. Cold Reg Sci Technol 2009;56(2-3):77-83.

K€ arn€ a T, Qu Y, Bi X, Yue Q, Kuehnlein W. Um modelo espetral para forças devidas ao esmagamento de gelo. J Offshore Mech Arct Eng 2007;129(2):138-45.

Wu T, Qiu W. Simulação do processo estocástico de força de gelo da estrutura vertical offshore com base no modelo espetral. Comput Model Eng Sci 2018;115(1):47-66.

Alamo □ GM, Azn□ arez JJ, Padron □ LA, Martínez-Castro AE, Gallego R, Maeso O. Interação dinâmica solo-estrutura em turbinas eólicas offshore em monoestacas no fundo do mar em camadas com base em dados reais. Ocean Eng 2018;156:14-24.

Mostafa YE, El Naggar MH. Resposta de plataformas offshore fixas a cargas de ondas e correntes, incluindo a interação solo-estrutura. Soil Dyn Earthq Eng 2004;24 (4):357-68.

Andersen LV, Vahdatirad MJ, Sichani MT, Sørensen JD. Frequências naturais de turbinas eólicas em fundações monopilares em solos argilosos - uma abordagem probabilística. Comput Geotech 2012;43:1- 11.

Bhattacharya S, Adhikari S. Experimental validation of soil-structure interaction of offshore wind turbines (Validação experimental da interação solo-estrutura de turbinas eólicas offshore). Soil Dyn Earthq Eng 2011;31(5-6):805-16.

Dicleli M, Erhan S. Efeito da interação solo-ponte na magnitude das forças internas em componentes integrais de pontes de pilar devido a efeitos de carga viva. Eng Struct 2010;32(1):129-45.

Zuo H, Bi K, Hao H. Análises dinâmicas de turbinas eólicas offshore em funcionamento, incluindo a interação solo-estrutura. Eng Struct 2018;157:42-62

Lombardi D, Bhattacharya S, Wood DM. Interação dinâmica solo-estrutura de turbinas eólicas suportadas por monopilha em solo coeso. Soil Dyn Earthq Eng

2013;49: 165-80.

Instituto Americano do Petróleo (API). Requisitos específicos das indústrias do petróleo e do gás natural para estruturas offshore. Parte 4 - considerações de projeto geotécnico e de fundações. 2011.

DNV-OS-J101. Projeto de estruturas de turbinas eólicas offshore. Det Norske Veritas; 2010. Germanischer Lloyd (GL). Directrizes para a certificação de turbinas eólicas offshore. 2005. Hamburgo, Alemanha.

Bi Kaiming, Hong Hao. Utilização de sistemas pipe-in-pipe para controlo de vibrações em condutas submarinas. Eng Struct 2016;109:75-84.

Heinonen Jaakko, Rissanen Simo.Coupled-crushing analysis of a sea ice-wind turbine interaction-feasibility study of FAST simulation software. Ships Offshore Struct 2017;12(8):1056-63.

Song Bo, Niu Lichao, Qi Fuqiang. Estudo sobre um método de cálculo simplificado para a análise da resposta sísmica de pontes cais em água gelada. J Earthq Eng 2015;19(7): 1140-57.

Sanderson T. Ice mechanics, risk to offshore structures. Londres, Reino Unido: Graham & Trotman; 1998.

Ghali Amin, Tadras Gamil, Paul H. Langohr. Northumberland Strait Bridge: técnicas de análise e resultados. Can J Civ Eng 1996;23(1):86-97.

Yue Q, Bi X. Vibrações da estrutura da jaqueta induzidas pelo gelo no Mar de Bohai. J Cold Reg Eng 2002;14(2):81-92.

Nord TS, Øiseth O, Lourens EM. Identificação da força do gelo no farol de Nordstromsgrund €. Comput Struct 2016;169:24-39.

Shi W, Park H, Han J. Um estudo sobre o efeito de diferentes parâmetros de modelação na resposta dinâmica de uma turbina eólica offshore do tipo jacket no Mar do Sudoeste da Coreia. Renew Energy 2013;58:50-9.

Liaw CY, Chopra AK. Dinâmica de torres rodeadas por água. Earthq Eng Struct Dyn 1974;3:33-49.

Wu Tianyu, Qiu Wenliang. Um modelo dinâmico de interação gelo-estrutura para a previsão da vibração induzida pelo gelo. Período Polytech Civ Eng 2019;63(2):550-61.

Korzhavin KN. Action of ice on engineering structures (Ação do gelo nas estruturas de engenharia) (No. CRREL-TL260). Hanover NH: Cold Regions Research and Engineering Lab; 1971.

Karna T, Qu Y, Kühnlein WL. Um novo método espetral para modelar acções dinâmicas do gelo. In: ASME 2004 23rd international conference on offshore mechanics and arctic engineering; 2004. p. 953-60.

Ji X, Yue Q, Bi X. Distribuição de probabilidade dos parâmetros de fadiga do gelo marinho na área marítima JZ20-2 da Baía de Liaodong. Ocean Eng 2002;20(3):39-43. T. Wu e W. Qiu

Printed by Books on Demand GmbH, Norderstedt / Germany